교실 밖, 펄떡이는 환경 이야기

교실 밖, 펄떡이는 환경 이야기

타테야마 유지 · 오창길 · 권혜선 공저
이정아 옮김 (사)자연의벗연구소 감수

스마트주니어

작가의 말

요즈음 신문과 방송을 보면 환경 문제에 관한 뉴스가 하루가 멀다 하고 등장합니다. 그뿐인가요? 환경 오염으로 빚어진 인류의 재앙을 경고하는 영화와 그 원인과 대책을 꼼꼼히 다루고 있는 책도 나와 있지요.

환경 문제가 중요하고 환경 위기가 심각하다는 이야기를 우리는 자주 듣습니다. 지구 온난화와 기후 변화, 석유를 비롯한 에너지 자원의 고갈, 숲과 강 같은 자연 생태계의 파괴와 오염, 생물 종 다양성 감소 등이 환경 위기를 보여 주는 대표적인 사례로 꼽히지요.

사람이 살아가는데 가장 기본이 되는 것은 무엇일까요?

숨을 쉴 수 있는 공기, 정착할 수 있는 땅, 그리고 마실 수 있는 물이겠지요. 우리를 둘러싸고 있는 공기, 땅, 물 없이 우리는 단 하루도 살아갈 수 없습니다.

종이와 목재를 만들기 위해 나무들이 잘려 나가고, 버려진 음식물 쓰레기는 물을 오염시킵니다. 우리가 편리하게 사용하는 일회용 물건은 한 번만 쓰면 쓰레기로 변하는 환경 오염의 주범이지요. 나무가 없어지고 동물들이 사라지면서 생태계가 파괴되면, 그로 인해 피해받는 것은 결국 사람입니다.

하지만 우리는 환경에 대해 그리 심각하게 생각하지 않는 것 같습니다. 그저 대중 매체에서 환경이 오염되었다는 소리를 듣고, '아! 환경이 오염되어 가는 구나.'라는 단순한 생각밖에 하지 않지요.

몇 십 년 전만 하더라고 우리는 물을 사 먹으리라는 생각은 꿈에도 하지 못했습니다. 비를 맞아도 걱정 없었고 땅에서 나는 채소나 과일을 그냥

먹어도 아무 탈이 없었지요.

하지만 지금은 어떤가요? 오염된 물은 마시지 못하고, 산성비는 맞으면 머리카락이 빠지지요. 채소나 과일도 오래 씻거나 껍질을 벗겨 내야만 안심이 됩니다. 이대로 가다간 몇 십 년이 더 흘러 우리의 후대에 사는 사람들은 어떤 것을 먹고 마시든 안심하지 못할 거예요.

환경 문제는 전문가가 말하는 '전 지구적 위기'나 정치인들이 말하는 '지속 가능한 발전' 같은 거창한 표현 속에 있는 것이 아닙니다. 우리가 날마다 먹고 마시는 수돗물이나 식품의 오염 같은, 사소한 듯하지만 현실적이고도 중요한 문제들이 수두룩합니다.

이 책은 환경 파괴로 인한 기후 변화에 대응하기 위해 우리가 어떻게 발을 맞춰 나가야 하는지 알려 주는 동시에, 실제 생활에서 우리가 환경 활동을 할 수 있는 사례를 상세하게 소개합니다. 이를 통해 실생활에서 재미있게 환경 활동을 할 수 있을 것입니다.

환경 문제는 결코 지나가 버린 일이 아닙니다. 먼 훗날에 닥쳐올 걱정거리는 더더욱 아닙니다. 환경 오염은 지금 우리 생활 곳곳에서 피해를 끼치고 있는 '오늘의 우리 문제'입니다. 이 책이 우리 모두의 미래를 위한 노력에 작은 도움이 될 수 있기를 바랍니다.

2016년 봄 햇살이 저만치서 걸어오는 날

오창길·권혜선

작가의 말

최근 환경 문제, 특히 지구 온난화에 대한 관심이 높아지고 있습니다. 노벨 평화상을 수상한 엘 고어 전 미국 부통령의 영화 〈불편한 진실〉이 전 세계에 상영된 것도 큰 영향을 미치고 있는 듯합니다. 어느 정도까지 지구 온난화가 진행되었는지는 모르더라도 '최근 기후가 뭔가 이상하다.'고 느끼는 사람이 많을 것입니다.

이러한 분위기 속에서 환경 문제에 대한 서적이 많이 출간되고 있습니다. 자극적인 제목으로 독자를 끌어 몇 십만 부나 팔리는 환경책도 있습니다. 오랫동안 환경 운동을 해 온 저에게는 환경과 관련된 책이 많이 출간되는 것이 기쁘기만 합니다. 하지만 '헐뜯기'나 '편협한 자기주장' 같은 필요 없는 논의 때문에 혼란을 느끼는 독자가 많은 것도 사실입니다. 제 블로그나 홈페이지에는 '무엇을 믿어야 할까요?', '어떻게 생각하는 것이 맞을까요?', '어떤 정보가 올바른 것인가요?'라는 질문이 매일 밀려듭니다. 심지어는 중고생들도 심심치 않게 질문을 하지요. 물론 저는 환경학자가 아니기 때문에 모든 질문에 명확한 정답을 줄 수는 없습니다. 하지만 대답할 수는 있습니다. 많은 사람이 혼란을 느끼고 있는 문제에 대하여 대답하는 것이 40년 넘게 환경 문제에 몸담아 왔던 제가 할 수 있는 일이고, 해야만 하는 일이라고 생각합니다. 일종의 책임이지요. 이 책에는 여러분이 보내 준 질문 중, 많이 받은 질문을 모아 저 나름대로 견해와 실천 사례를 담았습니다. 다만 "정답이 이것입니다.", "이렇게 해야 합니다."처럼 제 의견만 옳다고는 말하지 않습니다.

"저는 이렇게 생각하는데 여러분은 어떻게 생각하나요?", "저는 이렇게 하고 있는데, 여러분은 어떻게 하고 있나요?"라는 입장에서 썼습니다.

이 책은 중학교 2학년 학생인 유타 군의 질문에 제가 대답하는 형식을 취하고 있습니다. 대단히 깊이 있는 내용도 나오는데, 추측이나 꾸며 낸 이야기 없이 실제로 저 자신이 청소년들에게 받은 질문을 기초로 하였습니다.

중학생이 읽고 이해할 수 있을 정도로 썼으나 곳곳에 이해하기 어려운 이야기가 나옵니다. 이런 경우에는 독자들이 이해하기 쉽도록 '원 포인트 강좌'이라는 칼럼 형식으로 설명을 했습니다. 이 칼럼은 가급적 여럿이 함께 읽고 생각을 공유했으면 좋겠습니다.

이 책을 읽고 환경 문제에 관한 지식이 깊어지고, 환경 보호에 대한 발상과 실천의 힌트를 얻기 바랍니다.

타테야마 유지

목차

프롤로그

안녕하세요. 저는 중학교 2학년 유타입니다.

학교에서 '환경 문제에 대하여 발표하라.'는 과제를 받고 조사를 하기 시작했습니다.

텔레비전이나 신문에서 '지금 이대로 가면 지구가 위험하다.'라는 말을 자주합니다. 최근에는 환경 문제에 관한 책도 많이 나오고 있습니다. 그러나 실제로 아는 것이 많지 않아서 조사를 하려고 해도 어디부터 손을 대면 좋을지 난감하기만 했습니다. 아버지에게 여쭤 봐도 신문에 나오는 내용만 말씀하시고……. 조사를 시작하고 나니 '지금 이대로라면 내가 어른이 되었을 때는 지금보다 더 환경이 악화되고 살기가 힘들어진다.'는 사실은 확인할 수 있었습니다. 조금 무서워져서 아버지에게 물어보니 "조금 더 자세히 조사해 보는 것이 좋겠다. 아버지 친

구 중에 어렸을 때부터 환경 문제에 관심이 많은 사람이 있으니 만나서
이야기를 들어 봐라." 하시며 타테야마 선생님을 소개해 주었습니다.
처음에 저는 일단 그 분을 만나나 볼까.'라는 생각을 했습니다. 그런데
이야기를 들어 보니, 환경 문제에 대한 두려움과 흥미가 동시에 생겨
서 그것에 대해 더 자세하게 알고 싶어졌습니다. 저는 타테야마 선생
님에게 질문을 잔뜩 만들어 물어보거나, 스스로 여러 가지 공부를 했
습니다.

　이제 곧 학교에서 발표를 해야 합니다. 그 전에 나름대로 정리를 해
보았습니다. 이 책은 제 나름의 중간발표입니다. 배운 것을 많은 사람
과 나눌 수 있으면 좋겠습니다. 만일 의문 나는 점이나 새로운 정보가
있다면 가르쳐 주세요. 그렇게 밝은 미래를 만들어 가고 싶습니다!

제 I 부

환경 문제는
왜 생기는 것일까?

환경 문제에는 여러 것들이 있습니다.

- 오존층 파괴, 지구 온난화, 산성비, 열대림의 감소, 사막화, 개발도상국의 공해 문제, 야생 생물종의 감소, 해양 오염, 유해 폐기물의 지역 이동

여기에 '수자원 문제', '쓰레기 · 폐기물 문제', '환경 호르몬 문제', '전자파 문제', '유전자 변형 식품 문제', '핵폐기물 문제' 등을 추가하기도 합니다.

우리는 그중에서 요즘 가장 이슈가 되고 있는 '지구 온난화 문제', '수자원 문제', '산림 파괴 문제'에 대하여 알아보려고 합니다. 우선, 지구 온난화 문제부터 살펴볼까요?

제 1 장

지구 온난화는 왜 일어날까?

Q 01 지구 온난화란 무엇일까요?

엄마는 "30년 전과 비교하면 요즘에는 눈이 정말 많이 줄었어."라고, 할아버지는 "내가 어렸을 때는 여름에 에어컨 같은 건 필요도 없었어." 라고 말합니다.

텔레비전이나 신문에서도 맹렬한 더위나 따뜻한 겨울이 '지구 온난화의 영향'이라고 보도하고 있습니다. 그런데 여름도 생각보다 덥지 않고 겨울에 눈도 많이 내리는데…….

아무래도 '지구 온난화'라는 말은 내가 느끼는 것과는 다른 것 같습니다. 그래서 선생님에게 물어보려고 합니다.

도대체 지구 온난화가 무엇인가요?

지구 온난화란 문자 그대로 지구 기온이 상승하는 것을 말합니다. 환경 문제에서 지구 온난화는 '인간의 활동에 의해 온실가스가 대기 중에서 증가하여, 지구 표면 부근의 평균 기온이 상승하는 현상'을 의미합니다.

여기에서 중요한 것은 지구 온난화의 원인이 '인간 활동에 의한 것'이라는 점과 온도 상승이란 어디까지나 '평균 기온의 상승'을 의미한다는 점입니다. 반드시 지구라는 혹성 전체의 온도 상승을 말하고 있는 것은 아니라는 점을 명심해야 합니다.

이러한 개념을 확실히 해 두지 않으면 활발한 태양 활동 같은 자연 현상도 지구 온난화의 원인이라고 생각하거나, 온도가 저하되고 있는 곳도 있다는 국지적인 이야기가 나오면 머릿속이 혼란스러워져 버립니다.

전문가는 어떻게 말하고 있을까요? 기후 변화에 대한 IPCC*의 「제4차 평가 보고서』에서는 '21세기 말을 1990년과 비교하면 온실가스의 배출량이 가장 적을 경우에는 1.1~2.9℃, 배출량이 가장 많을 경우에는 2.4~6.4℃ 기온이 상승한다.'라고 예측하고 있습니다.

그런데 기온이 상승한다고 해도, 지구 전체가 균일하게 뜨거워지는 것은 아닙니다.

추워지는 곳이 있으면 가뭄이나 호우가 일어나는 곳이 있습니다. 최근에는 이상 기상을 우리 피부로 느낄 수 있는 경우가 심심치 않게 발생하지요. 이상 기상이 증가하면 장기적으로는 기후가 달라집니다. 지구 온난화는 '기후 변화'와 직접적인 연관이 있습니다.

> **IPCC란?**
> '기후 변화에 관한 정부 간 패널.' 1988년에 유엔환경계획UNEP과 세계기상기구WMO가 공동 설립한 국가 연합 조직. 다수의 세계 과학자들이 모여, 1990년에 '지구 온난화 예측 리포트'를 발표했다. 1995년에 '2차 리포트', 2001년에 '3차 리포트', 2007년에는 '4차 리포트'를 발표했다. 2007년도 노벨 평화상을 엘 고어와 함께 수상했다.

◆ 온실 효과란?

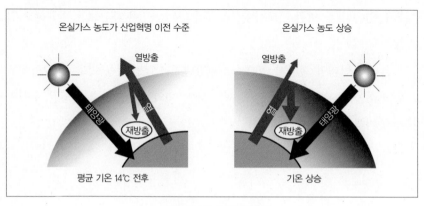

온실가스 농도가 산업혁명 이전 수준

열방출

태양광

재방출

평균 기온 14℃ 전후

온실가스 농도 상승

열방출

태양광

재방출

기온 상승

지구 온난화의 메커니즘

◆ 우선은 온실 효과에 감사하세요

온실가스 농도와 지구의 평균 기온은 비례합니다. 온실가스의 농도가 높아지면 높아질수록 지구의 기온은 올라가고, 농도가 낮아지면 낮아질수록 지구의 기온은 내려가지요.

현재 지구 표면의 평균 기온은 15~16℃ 정도이지만, 만약 온실가스가 포함되지 않는다면 −18℃가 됩니다. 온실 효과 덕분에 우리들이 존재할 수 있다고 말할 수 있습니다. 우선은 온실 효과에 감사하세요.

◆ 지구 온난화의 원인

지구 온난화의 직접적인 원인은 이산화탄소 같은 온실가스의 증가입니다. 대기 중의 이산화탄소 농도는 100만 년 전까지는 수천 ppm 정도였습니다[100]
만 분의 1을 나타내는 단위. 그 후, 1000년 전부터 산업혁명 전까지는 280ppm 정도로 안정되어 왔지요.

그렇다면 언제부터 이산화탄소가 급속도로 증가했을까요? 산업혁명 이래 선진국은 급속도로 공업화를 진행해 왔습니다. 최근에는 개발도상국에서도 석유, 석탄, 천연가스와 같은 화석 연료와 쓰레기, 플라스틱 등을 대량으로 태우고 있습니다. 또한 이산화탄소를 흡수하는 산림을 대규모로 벌채하고 있지요.

그 결과 산업혁명 전까지 280ppm이었던 이산화탄소 농도가 2007년에는 380ppm을 넘어 버렸습니다. 현재도 대기 중의 이산화탄소는 연간 수백억 톤씩 증가하고 있습니다.

◉ 원 포인트 강좌 - 평균과 변화의 크기

지구 온난화에 관한 책을 읽다 보면, 가끔 '평균'과 '변화의 크기'를 혼동하고 있는 문장을 접할 수 있습니다. 두 용어에 대해 다시 정리해 보자면 '평균'이란 '몇 개의 수를 더해서 그 수로 나눈 산술 평균'이고, '변화의 크기'란 '최대치와 최소치의 차' 입니다.

우선 평균 기온에 대하여 살펴봅시다.

어느 해 1월부터 10월의 기온이 예년과 비슷하다고 합시다. 11월은 평년보다 5℃ 낮고, 한겨울이라고 느껴질 정도였습니다. 그러나 12월은 평년보다 5℃나 높아서 봄이라고 생각될 정도의 날씨였습니다. 11월과 12월은 기상이 매우 이상했습니다. 그렇지만 이 해의 평균 기온은 11월의 −5℃와 12월의 +5℃가 상쇄되어서 '평년 수준'이라고 계산됩니다. 수년간 이때의 기온이 이상했다고 느끼겠지만, 10년이나 지나면 ○○년의 기온은 평년 수준이었다고 들어도 '아, 그렇구나!'라고 납득해 버리게 됩니다.

한편, 변화의 크기는 '섭씨 10℃'입니다. 인간을 포함한 생태계는 이러한 변화에 적응하기가 힘듭니다. 게다가 단기간에 10℃나 되는 큰 변동에는 대응하지 못하지요.

지구 온난화는 어디까지나 '지구 전체의 평균 기온' 상승을 의미합니다. 일부 지역의 기온이 올라갔거나 내려갔거나 하는 이야기가 아닙니다. 실제로 '남극 일부에서는 온도가 내려가고 있다. 그러므로 온난화가 일어나고 있다는 주장은 거짓이다.'라는 의견이 있습니다. 그러나 이것은 '학급 전체의 시험 성적이 5점 올라갔다.'라는 발표에 '그것은 거짓입니다. 타로우 군의 성적은 5점 내려갔습니다. 학급 성적이 올라갔다는 것은 거짓입니다.'라고 말하는 것과 같습니다. 학급 전체에서 올라간 5점은 '평균점'이고, 타로우 군의 내려간 5점은 '변화의 크기'입니다.

지구의 평균 기온은 육지뿐 아니라 해양까지 포함해 계산합니다. 구체적으로는 위도 5°와 경도 5°를 사각형으로 나눠서 측정한 수치를 평균으로 합니다.

해수면 상승도 어느 지역에서 일어나는 변화의 크기^{변동}를 말하는 것이 아니라 '지구 전체의 평균'을 말합니다. 난류 가까이에서는 물의 열팽창에 의해 수위가 높아지고, 한류 부근에서는 수축에 의해 수위가 낮아집니다. 또한 태풍이 오거나 지반이 침하하면 상대적으로 수위가 올라갑니다.

지구 온난화와 관련된 해수면 상승이란 빙하가 바다로 흘러들어가고, 수온이 오름에 따라 열팽창이 되는 등의 현상을 포함한 여러 가지 변동의 평균치를 말합니다.

'어느 지역에서 해수면이 내려가고 있는 것을 가지고 해수면 상승이 일어나고 있는 것은 아니다.'라고 판단해서는 안 됩니다.

Q 02 지구 온난화는 지구촌에 어떤 피해를 줄까요?

많은 이미지가 떠오릅니다. 하지만 실감이 나지 않네요.
그래서 선생님에게 '지구 온난화에 관한 최악의 시나리오'를 물어보았습니다.

◆ 남극의 빙상이 붕괴…… 그리고!

1978년, 미국 오하이오주립대학 극지방 연구소의 제임스 마사 박사는 '지구 온난화가 진행되면, 남극 얼음의 일부가 붕괴되어 바다로 떨어진다. 그래서 세계의 해수면이 갑자기 5m나 높아지는 현상이 생긴다. 21세기 안에 이러한 일이 일어난다.'고 발표하여 세계를 뒤흔들었습니다. 또한 '12만 5천 년 전 최후의 간빙기가 한창일 때 서남극 빙상이 붕괴하여 해수면 수위가 5~6m 상승했는데, 똑같은 일이 지금부터 100년 안에 급격하게 진행될지도 모른다.'고 경고했습니다.

제임스 마사 박사는 그 근거로 '선반 얼음의 붕괴 위험성'을 들었지요.

'거대한 대륙 빙하가 남극의 로스 해海와 웨들 해안에 존재하고 있다. 이것은 육지에 한쪽 끝을 지지한 채 바다로 튀어나와 있어서, 벽에 걸려 있는 선반과 같은 상태로 대단히 불안정하다. 이 선반 얼음의 일부는 현재 바다 속에서 튀어나온 암초에 걸려, 빙상이 바다 쪽으로 급속하게 흘러 나가지 않도록 브레이크가 걸려 있는 상태이다.'

온난화가 진행되어 해수 온도가 높아지면, 열팽창 때문에 해수면이 높아진다. 즉, 선반 얼음이 암초의 방해를 받지 않고 바다 쪽으로 급속하게 이동해

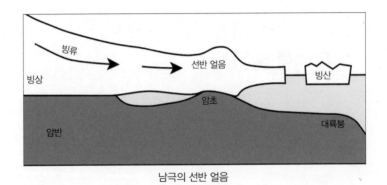

남극의 선반 얼음

서 바다 속으로 흘러들어가게 되는 것이다.

대단히 바보 같은 소리라고 생각할지도 모릅니다. 그러나 NHK 방송국에서 '지구 온난화로 해수 온도가 상승하고, 해저에 대량으로 가라앉아 있는 셔벗 과즙에 물, 우유, 설탕 따위를 섞어 얼린 얼음과자 상태의 메탄 메탄 하이드레이트 이 녹아서, 가스 상태가 되어 대기 중으로 뿜어져 나온다. 그렇게 되면 온난화 속도가 10배 이상 빨라진다.'라는 주장이 나온 경우도 있습니다.

메탄은 같은 질량의 이산화탄소보다 58배 같은 부피라면 21배 나 되는 온실 효과의 힘을 가지고 있습니다.

과거의 온난화 그래프를 보면 '이산화탄소의 농도가 늘어난 후부터 기온이 상승하는 것이 아니라, 기온이 올라간 후에 이산화탄소의 농도가 증가'하고 있다고 생각되는 경우가 있습니다.

메탄을 고려하여 생각해 보면 '이산화탄소 농도가 조금 늘어난다 → 해수 온도가 상승하고, 메탄 하이드레이트에서 대량의 메탄이 대기 중으로 나온다 → 대기와 해수의 온도가 상승한다 → 해수 안에 녹아 있는 이산화탄소가 대기 중으로 나온다 → 온난화가 더욱 가속화된다.'라는 악순환이 일어날 수도 있습니다. 메탄 하이드레이트는 해저 퇴적물, 얼음, 언 땅 안에 넓게 분포되어 있어서 석유나 석탄 등을 대체할 수 있는 새로운 에너지 자원으로 주목받고 있습니다. 그러나 이 물질은 온도나 압력 변화로 쉽게 분해되고, 대량의 메탄을 방출하기 때문에 안이하게 개발한다면 지구 온난화를 가속화시킬 가능성이 있습니다. 채굴할 때에는 세심한 주의를 기울이지 않으면 안 됩니다.

우리는 대륙붕의 해저에 있는 메탄 하이드레이트의 상태를 주의 깊게 관측할 필요가 있습니다. 만약 메탄 하이드레이트의 붕괴가 일어난다면 마사 박사의 경고가 현실이 될 가능성이 높아지겠지요.

◆ 상상할 수 없는 쓰나미로 임해 지대가 괴멸

선반 얼음이 바다 속으로 들어가고, 대륙의 융기를 동반하는 대규모 지각 변동 때문에 상상할 수 없이 거대한 쓰나미가 발생할 것이라고 예상하는 사람이 있습니다.

이 쓰나미는 파도의 평균 높이가 30~40m에 달할 것입니다. 현재의 건축물이 이런 규모의 쓰나미를 버텨 낼 수는 없습니다. 쓰나미가 조용해졌을 때 임해^{바다 가까이 있음} 지역 대부분이 파괴될 것입니다. 또한 이때 초대형 탱크에서 유출된 기업의 원유가 해수면을 더럽히고, 결국 바다 생태계가 황폐화될 것입니다.

◆ 원자력발전소가 파괴되어 지구가 종말을 맞이한다?

일본에는 약 60개, 전 세계적으로는 건설 중인 것을 포함하면 약 500개 정도의 원자력발전소가 있습니다. 원자력발전소가 파도 높이가 수십 미터나 되는 대규모의 쓰나미를 견딜 수 있으리라는 보장은 없습니다.

체르노빌의 수십 배, 수백 배나 되는 사고가 발생했을 때 우리들과 생태계와 지구는 틀림없이 파멸하게 될 것입니다.

이것이 '지구 생태계의 파국'이라는 지구 온난화 최후 시나리오입니다.

우리들이 대량 생산, 대량 수출, 대량 소비, 대량 폐기라는 생활을 계속해 나가는 한 이런 일이 절대로 일어나지 않는다고 누가 단언할 수 있을까요.

저도 지구가 이런 형태로 파국을 맞이하는 일은 있을 수 없다고 생각합니다. 하지만 이대로 두 손 놓고 있으면, '있을 수 없는 일'이 '있을지도 모른다.'로, '있을지도 모르는 일'이 '반드시 있을 것이다.'로 바뀌게 되겠지요. 결국에는 '그 일이 일어나 버렸다.'로 끝을 맺지 않을까요?.

우리들이 지금 바로 행동하는 것이 중요합니다.

한국에서는

2011년 일본에서 매우 큰 원자력발전소 사고가 일어났습니다. 후쿠시마 원자력발전소 사고이지요. 미야기 현 앞바다에서 발생한 최대 진도 7의 지진으로 인해 15.7m의 해일이 일었고, 이 해일이 후쿠시마 제1원자력발전소를 강타하며 후쿠시마 원자력발전소는 통제 불능 상태가 되었습니다. 이 사고로 인해 매우 많은 방사성 물질이 공기 중으로 방출되었고, 주변 바다 및 지역이 모두 방사성 물질로 오염되었습니다.

후쿠시마 원자력발전소 사고는 1986년 일어난 체르노빌 원자력발전소 사고와 같은 7등급 사고입니다. 국제 원자력 사고 등급[INES] 중 7등급은 방사성 물질이 대량 유출되어 생태계에 심각한 영향을 초래하는 경우로 최고 등급입니다.

대한민국은 2016년 현재 23개의 원자력발전소를 가동하고 있으며, 5개의 원자력발전소를 더 건설하고 있습니다. 한국수력원자력에서 발표한 자료를 보면, 2014년 한국의 총전력 생산량 중 원자력으로 생산하는 비율은 30.2%로, 석탄을 이용한 전기 생산[39.2%]에 이어 두 번째로 많은 비율을 차

지진으로 파괴된 후쿠시마 원자력발전소

지하고 있습니다. 이것은 우리가 많은 부분을 원자력에 의존하여 일상생활의 편리함을 누리고 있다는 것을 의미합니다.

우리나라에 있는 원자력발전소도 모두 해안가에 위치해 있습니다. 이것은 원자력발전에 어마어마한 냉각수가 필요하기 때문에 어쩔 수 없는 부분이지요. 문제는 지구 온난화로 인해 한국 주변의 바다 높이가 세계 평균보다도 더 빠르게 상승하고 있다는 점입니다. 이렇게 해수면이 점점 높아지게 되면 해안가 근처에 있는 원자력발전소가 그만큼 위험에 많이 노출되게 되지요. 또한 지구 온난화로 인해 태풍의 위력이 세어지고 있으며, 매년 크고 작은 지진이 발생하고 있습니다. 이러한 것의 복합적인 영향으로 인해 수십 미터나 되는 큰 해일이 원자력발전소가 있는 해안가를 덮칠 가능성도 무시할 수 없습니다. 특히 한국의 원자력발전소는 30년 이상 된 노후한 발전소가 6개 있으며, 그중 고리 1호기는 75년에 만들진 무려 40년이 넘은 발전소입니다.

한국의 원자력발전소는 안전하다고 할 수 있을까요? 우리는 무엇을 해야 할까요?

Q 03 한국과 일본은 어떻게 될까요?

선생님에게 물어보지 않았으면 좋았을걸! 두려워졌습니다. 진짜, 그런 일이 일어나지 않도록 지금부터 행동하지 않으면 안 되겠어요.

그런데 주변 사람들에게 이야기해도 "SF 같은 이야기이다.", "비과학적이다.", "위기감을 부채질 한다." 같은 이야기만 하고……. 도대체 어떻게 하면 좋을까요?

아, 내가 알고 있는 내용을 모두가 알면 좋을 텐데! 그래서 '일본 근처에서 일어난 일'을 질문하려고 합니다.

어쩌면 모두가 달라질 수도 있으니까요.

◆ 한국과 일본에 닥쳐온 위기

유감스럽게도 우리 일본 사람은 나에게 무슨 일이 생기지 않으면, 행동하지 않는 인종이 되어 버린 듯합니다(물론 모두가 그런 것은 아니지만요). 뭔가 일어나 버린 후에 '상상을 넘어서는 일'이라는 한 마디로 정리해 버리는 경우가 많아지는 듯합니다. 이 상상을 넘어서는 일이라는 말에 '상상^{예상}하고 있었지만 대책을 세우지 않았다^{혹은 무시했다}.'라는 의미가 내포되어 있습니다. 우리는 언제까지 '잃어버리고 나서야 비로소 그 가치를 깨닫는다.'라거나, '잃고 나서 비로소 존재의 크기를 아는 일'을 반복할까요. 이제 그렇게 되기 전에 대책을 세워서 위험을 피하는 방법^{예방 원칙}을 배우고, 실천과 행동으로 옮길 필요가 있다고 생각합니다.

2007년에 국립환경연구소가 발표한 '지구 온난화가 일본에 미칠 영향 예측 결과'를 살펴봅시다.

(1) 기후 예측

지구 시뮬레이터*는 일본의 기후에 대하여 아래와 같이 예측하고 있습니다.

오키나와 등 남서쪽 섬들은 계산 대상에서 제외

- 지구 평균 기온 4.0℃ 상승
- 일본 여름6~8월 하루 평균 기온은 4.2℃, 하루 최고 기온은 4.4℃ 상승, 강수량은 19% 증가
- 한여름이 약 70일 증가. 100㎜ 이상 비가 내리는 호우 일수 증가

(2) 생태계 영향 예측

지구 온난화가 진행됨에 따라 생태계의 변화 범위도 넓어집니다.

- 홋카이도 아포이 산의 히다카소우일고초, 눈잣나무는 생식 고도 상승에 따라 빠르면 30년 후에 소멸하리라고 예측
- 기온이 3.6℃ 상승함에 따라 너도밤나무 숲의 생식 지역이 대폭 감소할 것으로 예측

(3) 시민 생활의 영향 예측

지구 온난화일부는 도시화의 영향도 포함 때문에 열사병 환자 및 대기 오염과 수질 오염 등 다른 환경 문제가 증가할 것으로 예측 됩니다.

> **지구 시뮬레이터**
> 컴퓨터상에 가상 지구를 만들어 내어, 지구 규모의 기후 변화 등을 시뮬레이션으로 해명하기 위한 슈퍼컴퓨터

- 히다카소우, 하이마쯔는 기온이 1℃ 기온 상승함에 따라 기리가우라에서는

COD^{화학적 탄소 요구량}가 0.8~2.0mg/ℓ 상승한다고 예측

- 기온이 3℃ 상승함에 따라 스키 고객이 30% 감소한다고 예측
- 기온 상승에 의한 냉·온방 요소의 변화, 계절형 산업의 성쇠와 이에 동반한 산업 부문 재편

어때요? 이제 내 일로 느껴지나요?

한국에서는

2012년 한국 기상청에서 발표한 '한반도 기후 변화 평가 보고서'를 살펴보겠습니다.

(1) 기후의 예측

– 현재의 온실가스 배출량을 줄이지 않고 계속하여 그대로 배출할 경우^{RCP 8.5 시나리오}, 21세기 후반^{2071~2100년}의 한반도 기온은 현재에 비해 약 5.7℃^{18%} 올라갈 것으로 예상하고 있습니다. 이것은 지구의 평균 기온 상승보다도 약 1.7℃ 정도 더 높은 것입니다. 강원도 산간 등 일부 산간 지역을 제외한 남한 대부분의 지역과 황해도 연안까지 아열대 기후로 변화될 것으로 분석하고 있습니다.

– IPCC의 제5차 평가 보고서에서는 현재의 온실가스 배출량을 줄이지 않고 그대로 배출할 경우^{RCP 8.5 시나리오}, 이번 세기 말^{2081~2100년}이 되면 전 지구 평균 기온은 3.7℃ 상승, 해수면은 63cm 상승, 강수량은 4.1~8.1% 증가할 것으로 예상하고 있습니다.

- 기상청은 2050년 서울의 여름은 19일 증가, 겨울은 27일 감소, 봄은 10일 증가할 것이며 여름이 길어지고 겨울이 매우 짧아질 것이라고 2011년 연구 결과 RCP 8.5 시나리오를 통해 발표하였습니다.
- 한반도의 강수량은 17.6% 증가하며, 일 강수량이 80mm가 넘는 날도 0.8일 증가할 것으로 예측됩니다.

(2) 생태계 영향 예측

기후 변화 때문에 기온이 높아지고, 강수량이 많아짐에 따라 나무에서 잎이 나오는 시기와 꽃이 피는 시기가 빨라집니다. 추운 지역에서 잘 자라는 침엽수는 감소합니다.
- 한국을 포함한 온대 기후 지역에서는 평균 기온이 1℃ 상승하면 개화 시기가 약 5~7일 정도 앞당겨집니다.
- 기온이 상승함에 따라 한국의 주요 나무인 소나무가 참나무로 대체될 가능성이 커집니다. 60년 후부터는 남부 및 동해안 지역을 중심으로 참나무류림이 소나무림을 대체할 것으로 예측하고 있습니다.
- 기후 변화로 인한 이상 기후 현상은 나무의 스트레스를 증가하게 하여 나무가 해충의 피해에 더욱 취약하도록 만들기도 합니다. 기후 변화로 인해 솔나방, 소나무재선충 같은 해충이 증가하고 피해가 더 커지기도 하며, 새로운 해충이 발생할 가능성도 있습니다.

(3) 시민 생활의 영향 예측

기후 변화로 인해 홍수, 폭설, 폭염, 가뭄 등 자연재해가 증가하고, 이에 따라 건물 및 도로 붕괴, 전염병 증가, 농작물 수확 감소, 인명 피해 등 여러 피해가 발생하게 됩니다. 특히 기후 변화로 인한 이상 기온 현상으로 피해 규모는 더 커질 수 있습니다.

- 한국은 폭염이 발생한 기간 동안 열사병과 열탈진 같은 온열 손상 환자가 폭염이 발생하지 않은 기간의 환자 수보다 4배 이상 많습니다. 한국의 일일 최고 기온 31.2℃에서 1℃ 증가하면 환자 수는 69.2%나 늘어가는 것으로 나타났습니다. 특히 65세 이상되는 노인의 경우 폭염의 영향으로 사망하는 경우가 높아지는데, 2036~2040년 동안 폭염으로 인한 사망은 2001~2010년에 비해 약 두 배 정도 증가할 것으로 예측하고 있습니다.

지구 기후 변화는 먼 미래 일도 다른 사람 일도 아닙니다. 기후 변화로 인한 여러 현상과 영향을 구체적인 숫자로 이야기하기 위하여 조금 먼 미래의 경우로 설명하였지만, 기후 변화는 내가 지금 살고 있는 이곳에서 계속하여 일어나고 있으며, 그로 인한 변화도 꾸준하게 나타나고 있습니다. 우리가 기후 변화에 관심을 갖지 않는다면 기후 변화는 더욱 빠르게 큰 모습으로 나타날 것입니다.

◆ 푄 현상으로 40℃ 이상이 빈번해진다!

푄이란 '바람 위쪽의 따뜻한 공기가 산을 넘어 불어 내려가, 바람 아래쪽의 기온이 올라가 건조해지는 현상'을 말합니다.

온도가 높은 바람이 산의 경사면을 따라가며 상승할 때 100m마다 0.5℃의 비율로 기온이 내려가고, 수증기의 일부는 응결해서 비가 됩니다. 수분이 감소한 공기는 산을 넘어서 반대쪽으로 불어 내려갑니다. 이때, 100m마다

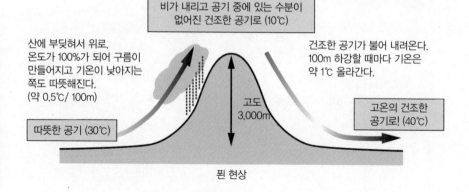

비가 내리고 공기 중에 있는 수분이
없어진 건조한 공기로 (10℃)

산에 부딪혀서 위로.
온도가 100%가 되어 구름이
만들어지고 기온이 낮아지는
쪽도 따뜻해진다.
(약 0.5℃/ 100m)

건조한 공기가 불어 내려온다.
100m 하강할 때마다 기온은
약 1℃ 올라간다.

고도
3,000m

고온의 건조한
공기로! (40℃)

따뜻한 공기 (30℃)

푄 현상

1℃ 비율로 기온이 상승하고, 뜨겁고 건조한 바람이 됩니다.

지구 온난화 때문에 해수 온도가 상승함에 따라 수증기 양이 늘어납니다. 그러므로 계절풍몬순이 불어 온도가 올라가는 쪽은 집중 호우가, 건조한 열풍이 불어 온도가 내려가는 쪽은 기온의 고온화퐁현상가 생길 수 있지요. 최근 오사카가 예상 외로 더운 것도 기이 산지를 넘어가는 푄 현상에 의한 지역이 넓어졌기 때문입니다. 2004년 7월 20일, 도쿄 오테마치의 온도는 39.5℃였습니다. 1923년 이래 가장 높은 기온이었는데, 이 원인도 푄 현상입니다.

2007년 8월 16일에 기후현 타지미시와 사이타마켄 구마가야시의 온도는 40.9℃입니다. 이는 일본 역사상 최고 기온입니다. 이것도 푄 현상과 관계 있다고 할 수 있습니다.

또한 오사카나 도쿄 등에서는 도시 열섬화*와 복합이 되어서 더욱 이상한 고온 현상이 나타날 것이라고 예상할 수 있습니다.

앞으로 전국 각지에서 40℃ 이상이 넘는 경우가 속출할 것입니다.

도시 열섬화
도시의 기온이 주변 지역보다 높아지는 현상이다. 등온선을 그리면 도시가 섬의 형태로 보이는 것에 기인하여, 히트 아일랜드열섬 현상이라고 부른다. 아스팔트 포장에 의한 열의 축적, 냉방과 자동차의 배기열 등이 원인이다.

우리나라에서 푄 현상이 일어나는 곳은 강원도입니다. 여름에는 바다에서 습기가 많은 바람이 불어오는데, 이 바람이 높은 태백산맥을 넘으면서 고온 건조한 바람으로 변하게 됩니다. 이로 인해 늦은 봄과 초여름, 태백산맥을 사이에 두고 영동^{강원도에서 대관령 동쪽에 있는 지역} 지역의 기온은 낮은 반면, 영서^{강원도에서 대관령 서쪽에 있는 지역} 지역의 기온은 높고 건조해집니다. 그런데 최근 들어 영동과 영서 지역의 기온 차이가 더욱 크게 나타나고 있습니다. 2012년 6월 10일 영동 지역인 강릉의 낮 최고 기온은 25.1℃인 반면, 영서 지역인 원주의 낮 최고 기온은 30.1℃로 5℃나 차이가 났습니다. 2013년 6월 2일에는 동해의 낮 최고 기온은 19℃인 반면, 원주는 30.6℃까지 올라 10℃ 이상의 차이를 보였지요. 2015년 5월에는 영남 지역을 시작으로 강원 영서와 전남, 경기 동부까지 폭염주의보를 발령할 정도로 매우 더웠는데, 이것은 2014년보다는 6일, 2012년보다는 한 달이나 빠른 것입니다.

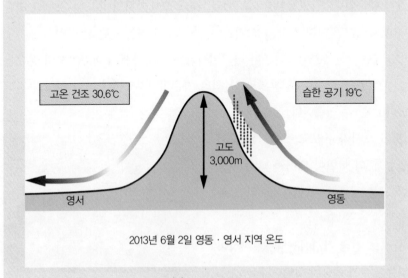

2013년 6월 2일 영동 · 영서 지역 온도

최근 들어 강원도 영서 지역에 고온과 가뭄이 많이 발생하고, 영동 지역과 기온 차이가 크게 나타나는 것은 지구 온난화의 영향을 받았기 때문입니다. 앞으로 지구 온난화가 더 심해져 바다의 수온이나 기후가 변하게 되면, 푄 현상은 예측하기 어려운 형태로 나타날 수도 있습니다.

◆ 산불 사고에 주의!

푄 현상이 발생하면 고온이 될 뿐 아니라, 대기가 건조해지기 때문에 화재가 발생하면 큰 산불로 이어집니다. 산불 사고가 일어나면 목재 자원이 소실될 뿐 아니라, 이산화탄소가 많이 발생합니다.

우리는 지금 당장 국가 차원에서 임업의 부활과 진흥책에 신경 써서, 국내 산림을 보호하고 육성하는데 힘써야 합니다. 지구 온난화는 세계적인 현상이지만, 각 지역마다 앞으로의 대책을 세워야만 합니다.

◆ 온난화로 태풍이 거대화된다

지구 온난화로 지구 기온이 상승함에 따라 태풍이나 허리케인 같은 열대 저기압이 점점 더 거대해질 것이라고 예상할 수 있습니다. 해수의 표면 온도가 높아지고, 열대 저기압 속으로 에너지가 점점 복합되기 때문입니다.

일본 연안 등 비교적 위도가 높은 지역에서 수온이 높아지기 때문에, 열대 저기압^{이하 태풍}의 세력은 대단히 강해진 상태로 연안 지대에 상륙할 가능성이 높습니다.

현재 태풍은 먼 남쪽 해상에서 거대한 하게 발달한 후, 세력이 약해진 채 상륙합니다. 이는 연안 지역에 가까워지면서 해수 온도가 낮아지고, 수증기^{에너지}

의 보급이 줄어들기 때문입니다. 온난화가 진행되면 연안 지역으로 와도 계속 에너지가 보급되기 때문에, 맹렬한 세력을 유지한 채 상륙할 가능성이 높아집니다.

지구 온난화로 해수면이 상승하고 태풍이 거대해지며 세력이 약해지지 않는다면 연안 지역은 커다란 위험을 맞게 될 것입니다.

◆ 푄 현상과 엄청난 태풍

태풍이 거대해짐에 따라서 푄 현상에 의한 기온 상승과 건조화가 심해질 것입니다. 습한 공기 때문에 푄 현상이 더욱 강해질 것입니다. 북쪽과 동북 지방의 동해 쪽에서는 산을 넘는 강풍이 불어 내려가는 경우에 기온 상승이 예상됩니다. 대기가 극단적으로 건조해지고, 큰 불이 발생할 위험이 대단히 크지요. 태평양 쪽에서도 습한 강풍이 산지를 넘을 가능성이 있는 지역은 주의를 기울여야 합니다.

한국에서는

2011년에는 지구 온난화와 관련이 클 것으로 생각되는 홍수와 가뭄이 세계 곳곳에서 나타나 많은 사람들이 힘들어 했습니다.

세계적으로 유명한 기후 변화 블로그인 'Climate Progress'는 2011년에 일어난 세계 기상 재해들을 조사해 피해가 가장 큰 재해 TOP 10을 뽑아 발표했습니다.

1	동아프리카 가뭄과 기근	−소말리아, 케냐, 에티오피아 등 동아프리카 지역에 극심한 가뭄이 발생기상 관측 이래 최악의 가뭄 −2011년 7월 20일 UN이 소말리아 남부 2개 지역을 기근 발생 지역으로 공식 선언30여 년 만에 처음 −소말리아에서 영양실조로 숨진 5세 이하 어린이는 약 3만 명으로 추산 −가뭄과 기근으로 숨진 주민들이 매우 많음
2	타이태국 대홍수	−2011년 7월~10월까지 폭우가 쏟아짐 −657명의 사상자와 약 50조 원의 피해가 발생타이 GDP의 18% −타이 국토의 83%가 물에 잠김 −주민 980만 명 피해, 구조물이 400군데 정도 손상, 전체 논 면적의 25%가 수해水害 −세계 최대 쌀 수출국인 타이의 대홍수로 인해 2011년 하반기 세계 쌀 가격이 폭등
3	오스트레일리아 퀸즐랜드 홍수	−2010년 12월~2011년 1월까지 폭우 −35명의 사상자, 300억 달러 규모의 피해오스트레일리아 GDP의 3.2% −이례적으로 높은 바다 수온과 라니냐의 영향을 받음
4	콜롬비아 홍수	−2011년 4월 폭우 발생116명의 사망자, 58억 달러의 피해 콜롬비아 GDP의 2%, 콜롬비아 사상 최대 규모의 홍수 −2010년 발생한 폭우와 산사태로 528명이 사망, 10억 달러의 피해

5	필리핀 태풍 와시	-2011년 12월 필리핀 민다나오 섬에 태풍 와시 관통 -인근 바다 수온이 관측 이래 다섯 번째로 높은 상태로 와시가 바다에서 많은 수증기를 흡수한 상태였음 -최소 1249명 사망, 79명 행방불명
6	브라질 홍수	-2011년 1월 리우데자네이루 북단에 폭우 -1시간도 안 되어 강수량 300mm 기록 -홍수와 진흙 더미가 902명이 살고 있는 집을 덮침 -약 12억 달러의 피해 발생
7	미국 슈퍼 토네이도	-2011년 4월 미국 중서부와 남동부 지역에 큰 토네이도 발생 -321명 사망, 102억 달러 피해 -미국 역사상 규모 및 피해가 가장 큼
8	멕시코와 미국 남부 가뭄	-2011년 멕시코의 강우량은 1941년 관측이 시작된 이래 가장 적음 -텍사스 주민은 미국의 모든 주 가운데 가장 더운 여름을 보냄 -미국 오클라호마 7월 기온이 사상 최고치로 기록 -곡물, 가축, 목재와 관련된 직접 손실액이 약 100억 달러
9	파키스탄 홍수	-2011년 7~9월 폭우 발생 -456명 사망, 20억 달러파키스탄GDP 1.1% 피해 -파키스탄에서 두 번째로 큰 홍수 -이재민 180만여 명, 이 중 64%는 깨끗한 물과 충분한 식량 없이 생활

| 10 | 미국
허리케인
아이린 | −아이린은 120mph의 강풍을 동반한 3등급 초대형
　허리케인으로, 풍속 65mph로 뉴욕을 관통
−주택과 사무실 700만 호 이상이 정전
−사망자 최소 45명, 73억 달러 피해 |

2011년 세계 기상 재해 Top 10

2011년 우리나라는 어떠했을까요? 지구는 하나로 연결되어 있기 때문에 우리나라도 기상 재해가 발생했습니다. 2011년 7월 25일부터 28일 동안 집중 호우가 발생했습니다. 이로 인해 서울을 비롯한 수도권, 강원도 영서 지방, 경상남도 등에서 주택이 물에 잠기고 산사태가 발생해 많은 피해가 일어났습니다. 서울에서만 사망자 수가 32명이었습니다. 물론 위에서 살펴본 '2011년 기상 재해 TOP 10'에 비하면 매우 적은 피해로 보일 수 있지만, 3일 동안 폭우가 발생하고, 주택이 물에 잠기고 서울에서만 32명이 사망한 것은 결코 작은 일이 아닙니다.

문제는 지구 온난화로 인해 이러한 태풍, 홍수, 가뭄 같은 자연 재해가 앞으로 더 많이 발생할 것이라는 점입니다. 눈에 잘 보이지는 않지만 기후 변화는 지금도 진행되고 있습니다.

◆ 태풍이 지나간 후에는?

태풍이 지나가면 바람의 방향이 반대가 되고, 진로에 따라서 북쪽의 차가운 기운을 끌어들이기도 합니다. 그렇게 되면 기온이 급격하게 저하되지요. 급격한 온도 변화는 인간의 건강과 생태계에 악영향을 미칩니다.

푄 현상에 의한 고온화와 한기에 의한 저온화가 상쇄되어 평균 기온에는 영향을 미치지 않을 가능성이 있지만, 현실에서는 엄청난 기온 변화가 일어날 수 있다는 사실에 주목해야 합니다.

지구 온난화에서 자주 사용되는 수치는 어디까지나 평균 기온입니다. 평균 기온 상승이 작은 수치이더라도, 매일의 기온 변화^{기상 변화}는 커질 가능성이 높습니다.

이와 같이 퀸 현상의 빈번함과 태풍의 거대화는 바로 우리에게 닥친 위기입니다.

◉ 원 포인트 강좌 - 허리케인이 태풍보다 더 강력하다고?

2005년 8월 29일, 미국 루이지애나 주 뉴올리언스 부근에 초대형 허리케인 '카트리나'가 상륙하여 심각한 피해를 끼쳤습니다. 이 재해를 계기로 미국에서는 기후 변화 위험에 대한 인식을 새롭게 하는 사람이 급증하고, 지구 온난화를 방지하기 위한 움직임이 활발하게 일어났습니다.

사실 카트리나^{허리케인}의 위협은 그대로 한국과 일본에 적용될 수 있습니다. 그러나 그것을 실감하고 있는 사람은 대단히 적은 것이 현실입니다.

거리에서 사람들에게 조사를 해 보고 깜짝 놀랐던 적이 있습니다. '태풍은 허리케인보다 작기 때문에 괜찮다'는 사람이 대다수였기 때문이지요.

하지만 이것은 큰 오해입니다.

숫자만 놓고 보자면 대만에 상륙한 2007년 최강 태풍인 태풍 8호의 최대 풍속 초속 55m는 카트리나의 초속 77m에 비해 약합니다.

그러나 이것은 태풍과 허리케인의 풍속을 측정하는 기준이 다르기 때문입니다. 태풍은 '10분간 평균 풍속'을, 허리케인은 '1분간 평균 풍속'을 측정합니다. 1분간 평균은 10분간 평균의 약 1.3배가 됩니다.

 측정 기준을 같이 하여 비교해 보면 태풍 8호는 약 초속 72m가 되지요. 카트리나보다 결코 약하지 않습니다. 사실 태풍 8호는 카트리나와 같은 카테고리 5의 슈퍼 타이푼으로 분류되고 있습니다.

◆ 카트리나를 능가하는 이세만 태풍

 이미 카트리나와 동급이거나 그 이상인 태풍도 몇 개 있었습니다. 이세만 태풍과 제2실호 태풍입니다.

 이세만 태풍과 카트리나를 비교해 보았습니다.

	최고 전성기 중심 기압(hPa)	최고 전성기 최대 풍속(매초/m)	상륙시의 중심 기압(hPa)	상륙시의 최대 풍속(매초/m)
이세만 태풍	894	75/98	929	45/59
카트리나	902	59/77	920	48/62

※최대 풍속 수치[A/B]는 A가 10분 평균, B가 1분 평균입니다. 태풍은 10분 평균×1.3,
  허리케인은 1분 평균÷1.3으로 환산하였습니다.

 이 표를 보면 이세만 태풍은 허리케인 카트리나보다 오히려 강합니다. 양쪽의 현저한 차이는 세력이 강화된 위치에서 알 수 있습니다.

 이세만 태풍은 북위 15~20°에서 발달하고 약해지면서 북상했습니다. 한편 카트리나는 북위 25° 부근에서 발달하고, 가장 강해진 상태로 상륙했습니다. 이것은 카트리나가 수온이 높은 곳을 통과하여 왔기 때문입니다.

 뉴올리언즈는 북위 30° 부근에 있습니다. 일본 지도와 맞춰 보면 야쿠시마의 약간 남쪽에 해당하지요. 이세만 태풍이 이 위치에 있을 때는 최대 풍속이 초속 60m로, 카트리나의 초속 55m을 상회하고 있습니다.

이때 이세만 태풍의 폭풍 반경은 350km로 카트리나의 약 2배 크기인 180km이었습니다.

만약 일본의 태평양 연안 해수 온도가 북위 30°와 비슷하거나 그 이상이 된다면 태풍이 가장 강력한 상태로 직격탄을 날릴 가능성이 있습니다.

이세만 태풍이나 카트리나 때와 같은 참극을 반복하지 않도록 빠른 시일 내에 방재 체제를 강화할 필요가 있습니다. 또한 지구 온난화를 방지하여 조금이라도 해수 온도 상승을 막아야만 합니다.

◆ 복구가 불가능한 대정전이 일어난다?

이세만 태풍을 웃돌만 한 폭풍우가 덮쳤을 경우 대부분의 건조물이 붕괴할 것입니다. 그중에는 공공시설도 포함되겠지요.

예를 들어 초속 60m가 넘는 폭풍이 분다면 송전선을 지탱하고 있는 철탑이 붕괴할 가능성이 높아집니다.

광범위하게 붕괴된 송전 철탑은 누가 어떻게 복구를 할 수 있을까요?

산간 지방의 철탑을 복구하려고 해도, 넘어진 수가 많고 게다가 산사태나 홍수 등으로 도로가 끊어져 있을 것입니다. 2차 재해의 위험도 높아 복구는 매우 힘들겠지요.

그렇게 되면 먼 곳에 있는 발전소에서 전기를 끌어 쓰고 있는 도시에서는 대규모 정전 사태가 발생할 가능성이 있습니다. 언제 복구가 될지도 모른 채 말입니다.

◆ 전기에너지의 신토불이

발전을 할 때 이산화탄소를 발생시키지 않는 원자력발전소가 온난화 방지를 위한 방안으로 제시되고 있습니다. 하지만 원자력 발전이 가장 환경 부담이 적은지 아닌지 의견이 분분합니다. 또한 위험한지 안전한지에 대한 논쟁도 계속되고 있지요. 그러나 그와 같은 의논이나 논쟁은 송전이 계속된다는 전제가 있어야 성립합니다. 물론 의논과 논쟁 자체가 나쁜 것은 아니지만, 그것과 동시에 송전에 대한 대책을 철저하게 세워야 합니다.

우선 정전 사태에도 혼란이 일어나지 않도록 하는 시스템을 만들어야 합니다. 전기를 사용하지 않아도 괜찮은 거리의 조성이 좋은 예가 될 것입니다. 하지만 지금 당장 시작해도 완료까지 오랜 시간이 걸린다는 단점이 있지요.

또 한 가지는 대정전이 일어나지 않도록 하는 대책입니다. 먼 곳에 있는 전기에 의지하지 않을 수 있는 대책인 '전기의 신토불이'를 연구해야 합니다.

식음료의 지산지소나 마찬가지로 태양열이나 태양광 발전, 풍력 발전, 수력 발전, 지열 발전 등 지역 특성에 맞는 전기 공급원을 가까운 장소에 설립하는 것입니다. 물론 이 경우에도 초속 60m 이상의 폭풍을 견딜 수 있게 설계 및 시공을 해야 합니다. 만약 붕괴가 된다고 해도 입지가 가깝기 때문에 비교적 복구가 쉽습니다. 여기에서 중요한 것은 비용 문제입니다.

송전 철탑의 붕괴와 엄청난 정전이라는 위험을 생각하면, 조금 비싸더라도 비용은 지불하는 것이 낫다고 생각합니다.

◆ 저탄소 사회에서 저에너지 사회, 그리고 저자원 소비 사회로
한국과 일본도 드디어 저탄소 사회로 전환하기 위한 사항들을 검토하기 시작했습니다.

저탄소 사회란 이산화탄소의 배출이 적은 사회로, 이산화탄소를 발생시키는 탄소를 포함하는 화합물의 사용을 줄이는 것을 목표로 합니다.

2007년 2월에 환경청이 발표한 '탈 온난화 2050 프로젝트'의 성과 보고서

에 의하면, '일본이 2050년까지 주요한 온실가스인 이산화탄소를 70% 삭감하고, 고품격 저탄소 사회를 구축하는 것이 가능하다.'고 결론을 내리고 있습니다.

이것은 대단히 멋진 진전입니다. 그러나 '1990년과 비교하여 2008년부터 2012년 사이에 온실가스를 6% 삭감한다.'고 약속했던 교토 의정서의 목표조차 달성하지 못한 상태에서 이 프로젝트가 성공할 수 있을지 미지수입니다.

우리는 정부에 맡겨만 놓지 말고, 개인 개인이 적극적으로 저탄소 사회를 실현시키는 것에 힘써야 합니다. 전력을 낭비하면서 실천론을 펴기만 해서는 안 됩니다.

저는 개인적으로 '저탄소 사회를 실현시키려면, 원자력 발전의 추진이 필요'하다는 전제가 걱정스럽습니다. 많은 사람이 원자력 발전에 반대하고 있습니다. 하지만 반대가 단지 '사고나 테러 발생 시 위험이 크다.'거나 '핵폐기물의 처리가 불가능하다.'는 말로만 이루어져서는 안 됩니다. 앞서 말한 것과 같이 '폭풍에 의해 송전 철탑이 붕괴되고, 복구가 불가능한 엄청난 정전 사태가 발생'하는 문제에 대응할 수 있어야 합니다. 송전 손실이 거의 없는 전선이 만들어진다고 해도, 붕괴라는 위기가 없어질 수는 없기 때문입니다.

현상 유지를 위한 전력 소비량을 공급하기 위해 원자력 발전을 과도적으로 사용하는 것은 어쩔 수 없다고 생각합니다.

그러나 이 기간을 최소한으로 하기 위해, 우리들은 '저탄소 사회'에서 더 나아가 '저에너지 사회'로 옮겨갈 필요가 있습니다. 최종 목표는 '저자원 소비 사회'의 실현입니다.

모든 것을 최소의 자원으로 책임질 수 있는 사회야말로 진정한 순환 사회가 아닐까요.

한국 역시 온실가스를 줄이기 위해 여러 가지 노력을 기울이고 있습니다. 2015년 6월 30일 국무회의에서 우리나라는 2030년 국가 온실가스 감축 목표를 '배출치 대비 37% 감축'하는 것으로 결정했습니다. 이 결정은 2030년 우리나라의 온실가스 배출전망치(Business As Usual, BAU: 온실가스 감축을 위해 아무런 행동을 하지 않을 경우 온실가스 배출량을 전망한 수치)는 850,600,000톤(CO2-eq)인데, 이것의 37%인 314,722,000톤을 감축해, 2030년까지 온실가스를 총 535,878,000톤의 온실가스를 배출하겠다는 것을 말합니다.

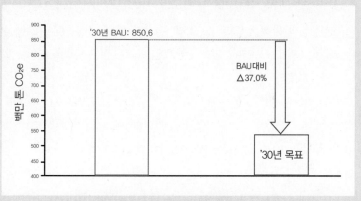

2030년 국가 온실가스 감축 목표량

우리는 37%를 감축할 수 있을까요? 우리의 목표가 너무 큰 것은 아닐까요? 이 결정을 두고 우리나라 산업계는 감축 목표량이 너무 많다고 하는 반면, 여러 환경 관련 단체와 국제 사회는 감축 목표량이 적다고 말합니다.

한국의 2005년 온실가스 배출량은 559,900,000톤이었습니다. 2005년 이래 우리나라 온실가스 배출량은 계속 늘어나기만 했지요. 우리나라의 2030년 온실가스 배출 목표량인 535,878,000톤은 2005년 온실가스 배출량에 비해 약 4.3% 감축하는 것에 불과합니다. 미국은 대비 26~28%를 감축하겠다고 발표했으며, 유럽연합은 1990년 대비 최소 40%를 감축하겠다고 약속했습니다.

 한국의 이산화탄소 배출은 세계 7위이며, 온실가스 누적 배출량은 세계 16위입니다. 또 1인당 온실가스 배출량은 OECD 국가 중 6위입니다[2012년 기준]. 2013년 독일의 연구소와 유럽기후행동네트워크의 연구 결과에 의하면, 2013년 우리나라의 기후변화대응지수[의] 순위는 조사 대상 58개국 중 50위[공식 순위 53위. 기후변화대응지수는 기후 변화에 만족할 만한 수준으로 대응하는 나라가 없다는 이유로 1~3위를 선정하지 않음]로, 2010년 34위, 2011년 41위, 2012년 47위에 이어 최하위를 향해 계속 떨어지고 있습니다. 이것은 한국이 기후 변화에 많은 영향을 미치고 있으며, 그에 대한 책임과 함께 많은 노력을 해야 한다는 것을 의미합니다.

 지구는 거대한 하나의 생태계로 눈에 보이지 않게 모두 연결되어 있으며, 서로 영향을 주고받습니다. 지금 당장의 편리함을 위해 미래를 포기한다면 이것은 눈 가리고 아웅하는 것밖에 되지 않습니다. 우리의 선택이 온실가스를 열심히 감축하고 있는 다른 나라와 지구에서 함께 살아가고 있는 많은 동물과 식물에게 피해를 줄 수 있으며, 결국 우리에게도 돌아오게 된다는 것을 잊으면 안 됩니다.

Q 04 추운 지역이 따뜻해지면 좋을까요?

지구 온난화가 먼 미래의 이야기도, 외국의 문제도 아닌 '지금 닥친 위기'라는 사실을 알았습니다.

'정말 뭔가 하지 않으면 안 되겠네……' 조금씩 걱정이 밀려옵니다.

홋가이도에 사는 사람이 "추운 지역이나 나라가 따뜻해지는 것은 환영이다."라고 이야기했을 때는 그 생각에 공감을 했습니다. 홋가이도는 정말 추운 곳이니까요. 하지만 '지구 온난화가 단순히 기온만 올라가는 것이 아니다.'라는 것을 알게 된 지금 저는 그 생각이 잘못되었다고 홋가이도에 사는 사람에게 이야기해 주고 싶습니다. 선생님 홋가이도 사람들도 납득할 수 있게끔 설명을 해 주세요!

지구 온난화를 지구 온도가 상승하는 것뿐이라고 이해하는 사람이 많을 것입니다. 비전문가는 물론이고 발언에 큰 영향력을 가진 지식인 중에서도 잘못된 견해를 주장하는 사람이 있지요.

지구가 온난화되어 세계의 수위가 50cm 상승한다면 많은 도시가 물에 잠길 수 있다. 물에 잠겨 버리는 도시 사람들에게는 곤란한 일이겠지만, 다른 토지로 이주하면 된다. 거꾸로 시베리아와 같은 곳이 온난화된다면 환영할 만한 변화이고, 많은 사람들이 시베리아로 이주할지도 모른다.

어느 저명한 오피니언 리더의 견해입니다. 그 영향력을 생각하면 등골이 오싹해집니다. 그 분의 주장 때문인지 "홋카이도가 따뜻해져서 살기 좋아지니까 온난화는 환영이다." 라고 말하는 목소리도 자주 들립니다. 정말 그럴까요.

◆ 홋카이도의 유빙이······

매년 겨울에 홋카이도 연안에 표착하는 유빙을 생각해 보세요. 이 유빙은 시베리아에 있는 아무르 강의 담수가 언 것입니다. 바닷물이 언 것이 아닙니다.

유빙 안에는 아무르 강 상류에 있는 산림 지대의 영양분이 가득 담겨 있습니다. 이것이 강한 북풍을 타고 홋카이도 연안에 힘들게 도착한 것이지요. 봄이 되어 유빙이 녹기 시작할 때, 안에 들어 있던 영양분이 연안 해역에 퍼지게 됩니다. 그 때문에 이 지역에 플랑크톤이 번식하고 최고의 어장이 되는 것이지요.

만약 온난화로 유빙이 흘러 들어오지 않게 된다면 홋카이도 근해 어장은 큰 타격을 받게 됩니다. 한편 너무 추워져서 얼음의 두께가 두꺼워지면, 유빙이 바다 아래로 가라앉아 연안에 도착하게 됩니다. 그러면 다시마 같은 해초류가 큰 타격을 받게 되지요.

우리는 절묘한 자연의 균형 안에서 살고 있다는 점을 잊어서는 안 됩니다.

◆ 영구적인 동토가 녹아서 메탄이 대량으로 방출된다

홋카이도보다 더 추운 지역인 시베리아나 알래스카 등에서 영원히 얼어 있어야 할 땅이 녹기 시작했습니다.

얼어 있는 대륙은 수분이 얼어 암석과 같이 굳어져 버린 땅입니다. 알래스카, 캐나다 북부, 시베리아 등 여름에도 땅속 온도가 빙점 아래인 지역이지요. 온난화가 진행되면 언 대륙이 녹는 속도가 가속화되어 갇혀 있던 메탄이 대량으로 방출될 가능성이 있습니다.

메탄은 강력한 온실가스입니다. 결국 얼음 대륙 지대에서 대량의 메탄이 방출되면서 온난화가 점점 더 가속화될 것입니다.

미국 알래스카대학이 2003년 4월부터 2004년 5월까지, 시베리아의 호수에서 메탄 거품을 연속적으로 관측했습니다. 여기에 인공위성에서 보낸 자료와 비행기에서 촬영한 관측 결과를 더해 방출량을 계산했지요. 연구진은 '지구 온난화의 진행으로 러시아 시베리아 지방에 있는 호수 아래에 갇혀 있던 메탄이 기포가 되어 상승하고, 대기 중에 대량으로 방출되고 있다.'는 결론을 냈습니다. 메탄 작용으로 온난화가 더욱 빨리 진행되는 악순환이 시작되었다는 것이지요.

◆ 남극과 북극에서 21세기 말까지 10℃ 이상 기온이 상승

지구 온난화와 관련하여 '기온 상승은 남극과 북극에서 크고, 열대 지방에서는 작다.'는 말이 있습니다.

어떤 연구 기관이나 '기온의 상승은 열대 지방 등 저위도 지방보다 남극이나 북극 지방 쪽이 더 크다.'는 점에 동의하고 있습니다. 수치는 불규칙적이지만 많은 연구 기관이 '남극과 북극 지방에서 100년 후까지 겨울에 10℃ 이상 기온이 올라간다.'고 예측하고 있습니다. 또한 산악 지대에 있는 빙하가 대량으로 녹아 내려 하류에 있는 지역이 대홍수의 위험에 빠질 수 있다는 의견도 제기하고 있습니다. 적설량이 감소함에 따라 담수의 축적이 줄어들고, 여름 기간 동안 물이 부족할 가능성도 커지겠지요.

이와 같이 추운 지역의 온난화에도 많은 문제가 있습니다. 물론 기온이 상승함에 따라 농작물의 수확이 늘어나는 지역도 있겠지요. 반복하지만 '지구 온난화란 기온이 상승되는 것이지만, 어디까지나 '평균 기온'이 상승하는 것이고 그 과정에서 기후의 변화, 일상적으로는 이상 기후가 늘어나는 것'입니다.

큰 기후 변화에 동반되는 기온과 강우량의 변화에 농작물이 대응할 수 없을 가능성^{수확이 감소할 위험}도 고려할 필요가 있겠지요.

한국에서는

우리나라 바다의 수온은 어떨까요?

2015년 국립수산과학원은 1999년부터 2014년까지 우리나라 주변 바다의 표면 수온을 측정한 결과를 발표하였습니다. 한국은 25년간 약 0.2~1.3℃ 상승했지요. 우리나라 주변 바다의 온난화 경향은 세계 전체 바다의 온난화 평균에 비해 속도가 높은 편입니다. 특히 동해와 동중국해의 온난화는 전 세계 바다에서도 매우 높은 수준입니다.

바다 수온은 겨울에 많이 높아지고 있습니다. 이처럼 바다의 수온이 높아지면서 강원도에서는 명태가 더 이상 잡히지 않고 있으며, 제주도에서는 아열대 물고기와 해파리가 늘어나고 있습니다.

온난화라고 하여 바다 수온이 높아지기만 하는 것은 아닙니다. 지역에 따라 오히려 수온이 낮아지기도 합니다. 2007년 여름, 동해 가까운 바다에서 매우 찬 냉수가 나타났습니다. 이것은 남쪽에서 북쪽으로 부는 매우 강한 바람 때문에 바다 깊은 곳의 찬 냉수가 동해 바다 표면으로 올라왔기 때문입니다. 또 북극에서 빙하가 녹은 찬 냉수가 내려오면 바다 수온이 내려가게 됩니다.

이처럼 바다는 지구 온난화의 영향을 받아 수온이 변하므로 바다에 사는 생물들은 온난화의 직접적인 영향을 받습니다. 바다의 수온이 올라가면 태풍의 힘이 더욱 강해져 우리가 피해를 입습니다. 또, 바다 수온의 변화는 기후 변화에 직간접적인 영향을 미치게 됩니다.

Q 05 귀중한 생물들이 왜 멸종되고 있나요?

지구가 탄생한 지 46억 년. 생명이 탄생한 이후로 자연환경은 현재 일어나는 지구 온난화와 비교할 수 없을 만큼 변동을 반복해 왔습니다.

실제로 공룡 시대_{중생대}의 이산화탄소 농도는 지금의 10배 이상이었고, 기온도 10℃ 정도 높았지만, 공룡처럼 엄청나게 큰 생물이 먹고 남을 정도로 많은 식물이 있었다고 합니다.

지금의 동식물도 온난화에 잘 적응할 수 있지 않을까요?

◆ 생태계가 온도 변화에 적응할 수 없다

지구 기후는 큰 변동을 겪어 왔습니다. 오히려 현재는 '기적의 1만 년'이라고 불릴만큼 안정적인 기후가 이어지고 있지요. 그래서 농경이 발달하고 많은 인구가 살 수 있습니다.

다만 현재 67억 인구에서 계속 늘어나고 있는 인간과, 수천만 종이나 되는 생물들이 살아가기 위해서는 지금과 같은 안정적인 기후가 앞으로도 계속 이어져야 할 필요가 있습니다.

현재는 인간만이 늘어나고 있으며 그 외의 생물들은 지속적으로 감소하고 있습니다. 생물 집합체로서의 생태계가 빠른 속도로 파괴되고 있는 것이지요. 난개발과 환경 오염이 생태계 파괴의 큰 원인입니다. 난개발과 환경 오염은 지구 온난화를 일으키고, 지구 온난화 때문에 기후가 크게 변화하고 있습니다. 과거에는 빙하기에서 온난기로 기온이 상승하기까지는 몇천 년이 걸렸으므로 생태계는 이에 충분히 대응을 할 수 있었습니다. 하지만 요즈음에는 고작 100년 동안 이에 맞먹을 온도 상승이 일어나고 있습니다. 생태계는 이와 같은 정도로 급격한 변화에는 적응할 수 없습니다.

◆ 일본도 남의 일이 아니다

온난화로 일본이 열대 지방 기후가 된다 해도, 일본에서 야자나무나 하이비스커스 같은 열대성 식물이 서식하지는 않습니다. 열대성 식물이 살아가려면 열대 토지^{부식토·부엽토}가 필요합니다.

그렇지만 온도가 높으면 낙엽이나 동물의 사체가 흙이 되지 않고, 대부분 분해되어 버립니다. 열대성 기후에서는 1cm의 흙이 만들어지는 데 수백 년이 걸립니다.

급격한 온난화는 지금 존재하고 있는 온대 식물에게도 심각한 영향을 미칩니다. 지표에서 활동하고 있는 미생물이나 박테리아가 지표 온도의 급상승에 적응할 수 없을 지도 모릅니다. 그렇게 되면 먹이가 없어져서 지렁이나 곤충이 굶어 죽게 됩니다. 그 결과 땅이 죽고 산림이 사라지며 동물이 살 터전을 잃게 됩니다.

이와 같은 일은 온도가 2℃ 정도 상승하는 것만으로도 일어날 수 있습니다. 특히 산림 지대가 큰 타격을 입게 되는데, IPCC는 '온난화에 의한 기온 상승 때문에 앞으로 100년간 등온선이 150~550km 고위도 쪽으로 이동하고, 지구에 있는 전 산림 면적 3분의 1의 식생이 변화하게 될 것이다. 또한 병해와 화재의 증가 등에 의한 산림 파괴로, 대량의 이산화탄소가 방출될 수 있다.'라고 예측하고 있습니다.

한국에서는

한국도 마찬가지입니다.

지구 온난화가 된다고 해서 한국에서 열대 식물이 자라 바나나, 망고, 야자수를 먹을 수 있는 것은 아닙니다. 오히려 오랜 시간 동안 한국의 기후와

토질에 적응해 온 많은 식물이 사라질 수 있습니다.

우리나라 희귀 식물인 홍천 월귤은 기온 상승으로 인한 스트레스로 다른 식물과의 경쟁에서 밀려날 가능성이 더 커집니다. 우리나라에서만 자라는 희귀 식물이자 멸종 위기 식물인 미선나무는 지구 온난화로 인해 75% 이상 줄어들거나 멸종될 것으로 예측되고 있습니다.

지구 온난화로 기온이 높아지면 우리나라의 더운 여름에 잘 자라는 새콤한 포도와 달콤한 복숭아를 더 많이 재배할 수 있지 않을까요? 지구 온난화로 기온이 높아지면 초반에는 과일 나무를 재배할 수 있는 면적이 늘어나지만 결국에는 줄어들게 됩니다. 우리나라의 대표적인 여름 과일인 포도의 경우 현재 우리나라 국토의 28%에서 재배되고 있는데, 2050년까지 55% 정도 재배 면적이 꾸준히 늘어나다가 2090년에는 약 8% 정도로 재배 면적이 크게 줄어들 것으로 예측되고 있습니다.

이것은 복숭아나 사과와 같이 우리가 즐겨 먹는 다른 과일도 마찬가지입니다.

미선나무

Q 06 석유가 고갈되면 온난화가 멈춰질까요?

> '지구 온난화의 원인인 이산화탄소는 석유를 태우면 발생한다.
> 석유가 고갈되면 이산화탄소가 나오지 않게 되어 온난화가 멈춘다.'
> 이런 말을 들은 적이 있는데 사실인가요?

이 경우에는 아마 석탄 등을 포함한 화석 연료를 편의적으로 '석유'라고 표현하고 있다고 생각합니다. 물론 석유가 고갈되면 석유 연소에 의한 이산화탄소 발생은 없어집니다.

석유를 태우면 이산화탄소뿐 아니라 에어졸도 발생합니다. 이산화탄소의 대기 중 수명은 몇 백 년이고, 냉각 작용을 하는 에어졸의 수명은 1년 정도입니다. 결국 석유가 없어지면 눈 깜짝할 사이에 냉각 작용이 없어지고, 이산화탄소 등 온실가스가 지구 전면에 나올 것입니다.

산림 벌채 때문에 이산화탄소의 흡수 능력이 적어지는 상황에서 석유가 고갈되면 지구 온난화가 더 빨리 진행되겠지요. 이와 같이 지구는 인과 관계가 복잡하기 때문에 '그래서 온난화가 진행된다.'고 잘라 말할 수는 없지만, 지구 온난화에 대한 위험은 고려해 두어야만 하며, 온실가스를 지금 당장 대폭적으로 절감해야만 합니다.

Q 07 남극의 얼음은 왜 녹고 있을까요?

지구 온난화가 일어나면 바다의 수위가 올라간다, 내려간다, 지금 수준을 유지한다 등 여러 가지 정보가 혼재하고 있어서 저 같은 학생은 혼란스럽기만 합니다. 게다가 남극의 얼음이 녹고 있다는데, 이럴 경우 바다 수위는 어떻게 되는 건인가요?

이와 비슷한 질문을 실제로 많이 받습니다.

아마도 환경 분야에서 베스트셀러가 된 책의 영향을 받았기 때문이 아닌가 생각됩니다.

남극 대륙은 평균 −50℃라는 매우 낮은 온도이기 때문에 평균 기온이 1℃ 정도 올라가도 0℃ 이하인 장소가 남극 대륙 전체에 펼쳐져 있다. 남극 대륙주변 기온이 올라가고, 해수 온도가 올라가면 수증기의 양이 늘어난다. 만약 바람이 바다에서 대륙 쪽으로 불고 있다면, 이 증가된 수증기는 눈이나 얼음이 되어 남극 대륙에 쌓일 것이다.

『환경 문제에는 행운이 통한다』 중에서

'남극의 기온이 상승하고 있다.', '아니다, 관측에 의하면 오히려 낮아지고 있다.' 실제로 이런 논의가 이루어지고 있습니다.

남극의 기온이라고 하면 어느 곳의 기온이 떠오르나요?

해안 부근인가요? 그러면 해발 0m 근처네요.

아니면, 남극점인가요?

 우선은 남극의 단면을 살펴봅시다.

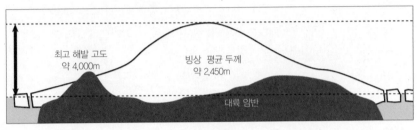

남극의 단면도

 남극은 평균 2,450m정도 되는 얼음으로 덮여 있고, 남극점은 해발 고도 2,800m 지점입니다.

 남극의 기온이 −50℃ 라는 것은, 후지산의 평균 기온 −6.4℃를 가지고 일본의 기온은 −6.4℃라고 말하고 있는 것과 같습니다.

 실제로 남극의 기온은 장소에 따라 크게 달라집니다. 예를 들면 미즈호 기지와 쇼와 기지는 기온이 대단히 다릅니다. 두 기지는 270km 정도 떨어져 있습니다. 게다가 미즈호 기지와 쇼와 기지의 고도는 각각 29.18m, 2,230m로 2,200m나 차이가 납니다.

 남극을 이야기할 때에는 대륙의 면적이 일본의 36배나 되고, 어떤 장소는 후지산보다 더 두꺼운 얼음으로 덮여 있다는 사실을 의식해 둘 필요가 있습니다.

 온난화는 지상 부근의 기온을 상승시키는 한편 성층권의 온도를 저하시킵니다. 오존층의 파괴 때문에 오존에서 흡수하는 에너지가 줄어들어 성층권의 온도가 내려가는 것이지요. 남극 상공에서는 오존 구멍이 보일 만큼 오존층의 파괴가 극단적으로 진행되고 있으며, 성층권의 온도가 더욱 낮아지고 있습니다. 그래서 남극점 같은 고지에서는 온난화로 오히려 기온이 저하되는 경우가 있습니다.

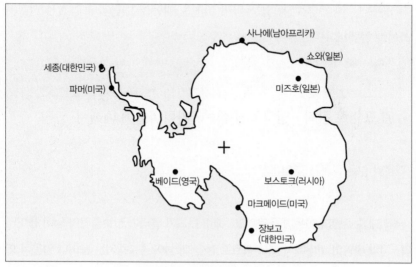

국가별 남극 기지 위치도

원래 이야기로 돌아가 봅시다.

사실 −50℃란 남극 대륙 전체의 평균 기온이 아니라, 남극점의 평균 기온입니다. 쇼와 기지나 파머 기지의 여름 기온은 0℃ 전후입니다. 이 수치는 평균 기온이기 때문에 0℃를 상회하는 날도 대단히 많다고 생각할 수 있습니다. 약간의 기온 상승이 눈을 비로 바꿔 버릴 수 있고, 빙상^{두꺼운 얼음 덩어리}의 불안정함이 늘어날 가능성이 있겠지요.

남극 대륙 위에 올라타고 있는 얼음이 원래 빙상 그 자체의 무게에 의해 녹고 있습니다. 빙상 암반에 고정되어 있는 것이 아니라 미끄러지고 있는 것이지요. 그것이 빙하가 되어 대륙에서 바다로 향해 가는데, 최근 그 빙하의 흐름이 빨라지고 있다는 보고가 있습니다. 주된 이유는 대륙 주변의 해수 온도 상승입니다.

현재 남극에서 빙상 상태가 가장 불안정한 곳은 남극반도 부근^{서남극}이라고 할 수 있는데, 그 가장 끝에 있는 파머 기지는 기온이 대단히 높아져서 신경이 쓰이는 곳입니다.

◉ 원 포인트 강좌 - 남극의 풍향은? 카타바풍에 대해서

다음과 같은 견해가 있습니다.

남극 대륙 주변의 기온이 올라가고, 해수 온도가 올라가면 수증기의 양이 늘어난다. 만약 바람이 바다에서 대륙 쪽으로 불면 이 늘어난 수증기는 눈이나 얼음이 되어 남극 대륙에 쌓인다.

여기에서 작은 의문이 하나 생깁니다.
바람이 바다에서 대륙으로 부는 일이 있을까 하는 점입니다.

대륙 주변의 해수 온도가 상승하면 거기에서 상승 기류가 생기고, 바다 쪽이 당연히 저기압이 됩니다. 한편 대륙 쪽은 얼음이 얼고 있기 때문에 고기압이 되지요. 바람은 기압이 높은 곳에서 낮은 곳으로 불기 때문에 대륙에서 바다로 향하는 바람이 붑니다.

남극 대륙에서는 설빙 면의 온도가 대단히 낮기 때문에 그 부근의 공기가 차가워져서 무거워집니다. 남극 대륙을 뒤덮은 빙상은 내륙부가 두껍고, 주변이 얇기 때

문에 고도가 높은 내륙에서 해안을 향해 차갑고 무거운 공기가 미끄러져 내려갑니
다. 이 하강 공기의 흐름을 카타바풍^{사면하 강풍}이라고 하지요.

 이와 같은 남극 대륙의 바람 방향은 거의 달라지지 않습니다. 이것에 대해서 사토
카오루는 「남극 쇼와 기지의 기상」이라는 논문에서 다음과 같이 설명하고 있습니다
2004 일본 기상학회.

 지상풍의 풍향이 대부분 달라지지 않는다는 것은 쇼와 기지뿐 아니라 남극 내륙
연안부에서 공통적으로 나타나는 현상이다. 내륙부 관측 장소인 남극점에서 방향
일정성은 79%, 보스토크 기지에서는 81%, 미즈호 기지에서는 96%, 연안부의
모손 기지에서는 93%, 하레 기지에서는 59%이다. 이것은 남극의 카타바풍이 대
륙 규모의 현상이기 때문이다.

 해수 온도가 상승하면 수증기가 늘어나 눈의 양이 증가하겠지만, 그 눈은 대륙이
아닌 주변의 바다로 내릴 것입니다.

 눈이 비 위에 담수 층을 만들고, 그것이 빙결될 가능성이 있습니다^{담수는 염수보다 얼기 쉽다}.

쇼와 기지에서 소식을 보내는 48차 월동 대원

그렇다면 남쪽 얼음 바다에서 얼음 면적이 늘어날 수도 있습니다. 하지만 주변 수온이 상승하면 빙결되지 않겠지요.

남극 주변의 해수 온도가 올라가도 대륙 내부의 눈열음이 늘어나지는 않습니다.

앞 쪽의 사진을 봐도 지면이 드러나고, 얼음으로 덮여 있는 모습이 아닙니다.

다만 파머 기지 주변 등 남극 반도 서부에서는 몇십 년 동안 적설량이 늘어나고 있다는 보고가 있습니다.

파머 기지는 남극의 끝 쪽에 있습니다. 카타바풍의 직접적인 영향을 받기 어렵고, 온도 상승에 의해 저기압이 되기 쉬운 장소에 있습니다.

따라서 '온난화가 되면 남극의 얼음이 늘어난다.'고 결론을 내리는 것은 불가능합니다.

◆ IPCC의 견해는?

「제4차 평가 보고서」에서는 다음과 같이 예측하고 있습니다.

남극 빙상은 충분히 저온이기 때문에 표면 융해는 일어나지 않는다. 오히려 눈이 증가하기 때문에 그 질량 역시 증가한다고 예측할 수 있다. 그러나 역학적인 얼음의 유출이 얼음의 질량에 있어서 지배적이라면 빙상 질량이 감소할 가능성도 있다.

이 견해가 맞다면 내 걱정은 기우에 불과합니다. 다만 이것만으로는 '빙상의 어떤 부분에서 눈의 양이 늘어나고 있는지'가 불분명합니다. 만약 빙상의 끝쪽, 얼음 선반에서 눈의 양이 늘어난다면 빙상의 균형이 무너질 수도 있습니다.

윗 문장의 마지막에 있는 '그러나…….' 라는 것은, 그 가능성을 시사하고 있다고 생각하는데, 도대체 어떻게 된 것일까요.

◆ 단지 나쁜 추측이면 좋겠지만…….

다시 카타바풍으로 되돌아가 봅시다. 불어 내려가는 카타바풍을 보충하는 대기의 흐름^{보상류}이 생기지만, 이 공기에 포함되어 있는 수증기는 해상에 내리는 눈에 사용됩니다. 그 결과 온도가 낮은 대륙 중앙부가 건조하게 되지요.

이 건조한 공기가 카타바풍이 되어 해상으로 불게 되면, 단열압축에 의해 기온이 올라가는 경우는 없을까요? 그렇게 되면 점점 더 남극 주변부의 기온이나 해수 온도가 상승하는 악순환이 반복될 것입니다.

Q 08 북극의 얼음이 녹아도 해수면은 상승하지 않을까요?

친구들과 온난화에 대하여 이야기를 하다 보면 "북극의 얼음이 녹아도 해수면이 상승하지 않는다."라는 말을 자주 듣습니다. 아무래도 전문가 선생님이 텔레비전에서 '아르키메데스의 원리'를 설명한 듯합니다.

'물에 떠 있는 얼음이 녹으면, 녹는 만큼 물의 부피가 늘어난다. 그러나 그만큼 수몰되어 있던 부분의 부피가 줄어들기 때문에, 결과적으로 수위는 변하지 않는다.'

이 말을 친구들에게 전해 들으니 갑자기 당황스럽고 혼란하기만 합니다. 선생님은 어떻게 생각하세요?

이 문제도 책이나 텔레비전 프로그램에서 소개된 탓에 대단히 많은 질문을 받았습니다. 최근에는 '북극의 얼음이 녹으면 해수면이 상승한다는 당신의(저를 말합니다) 설명은 틀렸다.'라고 지적하는 사람도 있습니다.

과연 진실은 무엇일까요?

어느 교수는 "온난화로 북극해의 얼음이 녹는 것은 확실하지만, 바다에 떠 있는 얼음이 녹는다고 해서 해수면이 상승하지는 않는다."라고 주장합니다. 거기에 덧붙여 "온난화 때문에 북극의 얼음이 녹아서 해수면이 상승한다는 것은 절대적으로 틀렸다. 그것은 단순한 무지에 지나지 않는다."라고 잘라 말합니다.

여기에는 큰 함정이 존재합니다.

그 전문가는 '북극해=북극'이라고 믿고 있는데 여기에는 근본적인 오해가 있습니다.

북극이란 일반적으로 북극권을 의미합니다. 북극권은 북위 66.5° 66.6°라고 하는 문헌도 있다.보다 북쪽을 가리키지요. 북위 66.5°보다 북쪽이라면 북극해, 북아메리카 대륙 최북단, 퀸엘리자베스 제도 등 그린란드의 대부분, 스칸디나비아 반도 북부, 유라시아 대륙에 있는 시베리아 북부를 포함합니다. 또한 아래 지도와 같이 7월의 기온이 10℃ 등온선에 포함된 부분(굵은 선 안쪽)을 북극이라고 정의하는 경우도 있습니다.

결국 북극에는 넓은 면적의 육지가 포함되어 있습니다.

말할 것도 없이 육지에는 그린란드나 알래스카에서 밝혀졌듯이 대규모의 육빙육지를 널리 덮은 얼음이 존재합니다. 육빙이 녹으면 당연히 해수면 상승이 일어납니다.

어떤 전문가는 아르키메데스의 원리를 인용해 "해수면 상승은 일어나지 않는다."라고 주장하지만, 그것은 어디까지나 '북극해에 떠 있는 얼음이 녹으면'이라는 전제를 깔고 있는 것이지요.

실제로 북극해의 얼음이 녹아 해수면이 노출되면 태양열을 흡수하기 때문에 수온이 올라가고, 물의 팽창에 동반된 해수면 상승이 일어납니다.

북극

이런 이유에서 질문의 대답은 "북극해의 얼음이 녹아도 열팽창을 생각하지 않으면 해수면 상승은 일어나지 않지만, 북극북극권의 얼음이 녹으면 해수면이 상승한다."

가 됩니다.

◆ 결국 해수면은 상승한다!

극지의 육빙이 녹고 있다는 사실은 관측 결과에서 밝혀졌고, 온난화가 진행될 수록 많은 양의 녹은 물이 바다로 흘러 들어갑니다. 당연히 해수면은 상승합니다. 이 상태에서 겨울이 되면 바다의 물이 얼지요.

여기에서 중요한 것은 해수면의 수위가 상승한 상태로 얼음이 된다는 점입니다. 그 얼음이 여름이 되어 녹으면 해수면의 수위가 상승한 상태로 수위가 계속 유지됩니다. 결국 '육빙이 녹아 해수면이 상승한다. → 바닷물이 언다. → 해빙^{바닷물이 얼어서 생긴 얼음}이 녹는다. → 육빙이 녹아 해수면이 상승한다. → 해수가 언다. → 해빙이 녹는다.'는 순환 과정이 매년 반복되는 것입니다.

이 과정에 수온 상승에 의한 열팽창이 더해집니다.

결국, 극지의 얼음이 녹으면 해수면 수위는 상승합니다.

여기에 덧붙이자면 얼음의 대부분은 녹아서 담수^{민물}가 되고, 해수와의 밀도 차이 때문에 바다에 떠 있는 얼음이 녹으며 해수면이 상승합니다. 하지만 지구 전체의 해수량에 비해 무시할 수 있을 정도로 작지요.

⊙ 원 포인트 강좌 - 북극해의 얼음이 빠른 속도로 사라진다.

북극해의 얼음이 전례가 없는 속도로 감소하고 있습니다. 북극해의 얼음은 2007년 9월 24일에 425.5만㎢로, 위성 관측 사상 최소 면적이 되었습니다. 종전의 최소 면적을 기록한 2005년의 약 530만㎢와 비교해 일본 열도 약 2.8개 분량의 얼음이 소실된 것이지요.

이 상황은 IPCC가 「제4차 평가 보고서」에서 예측한 약 30~40년 후의 북극의 상태에 가깝습니다. 북극해의 해류를 과소평가하고, 시베리아와 알래스카 사이에 있는 베링 해협에서 따뜻한 해수가 흘러 들어가는 것을 고려하지 않았기 때문에 조

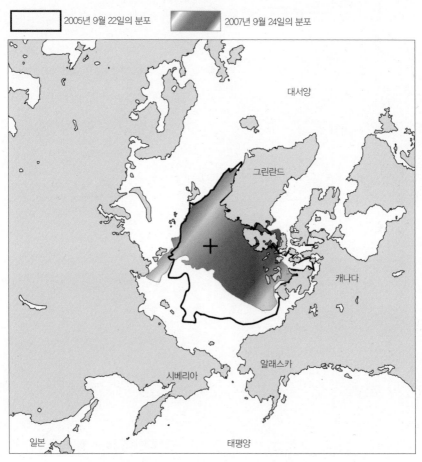

□ 2005년 9월 22일의 분포   ▨ 2007년 9월 24일의 분포

대서양

그린란드

캐나다

알래스카

시베리아

일본   태평양

지구 관측 위성 AMSR-E가 찍은 2005년과 2007년의 북극 해빙 분포

사 결과가 틀리게 나온 것이지요. 어쨌든 이는 온난화의 속도가 종래의 예상을 훨씬 상회할 가능성을 보여 줍니다.

'바다에 떠 있는 얼음이 녹아 해수면이 높아지고, 태양열을 흡수하고 가열되어 얼음이 녹는 악순환이 시작되고 있다는 사실'을 받아들여야만 합니다.

또한 해수면 상승의 가장 큰 원인인 온난화를 방지하는 일을 더 이상 미룰 수 없다는 것을 인식해야만 합니다.

Q 09 지구 온난화로 해수면이 5m 이상 상승한다는데 사실인가요?

저 나름대로 자료를 수집한 후 타데야마 선생님과 이야기를 나누면서 지구 온난화에 대한 개념을 잡아가고 있었습니다. 하지만 책이나 텔레비전에서 제가 알고 있는 내용과 다른 이야기가 나오면 혼란스러워지기만 합니다.

이를 정리하기 위해 타데야마 선생님에게 해수면 상승에 대해 요즘 자주 나오는 이야기들을 물어보았습니다.

해수면 상승에 대해서는 많은 의견과 학설이 있어서 혼란을 느낄지도 모릅니다.

IPCC는 「제4차 평가 보고서」에서 '21세기 말에는 1990년과 비교하여 온실가스를 가장 적게 배출한다는 전제하에 해수면이 26~59cm 상승한다.'고 예측하고 있습니다^{제4차 평가 보고서}.

'지구 온난화로 5m 이상 해수면이 상승한다.'는 경고도 있습니다. 예를 들면 IPCC의 로버트 왓슨 의장은 "이대로 온실 가스의 배출 증가가 계속된다면, 앞으로 그린란드나 남극 서부의 빙상이 녹고 해수면이 6m나 높아지는 등 회복될 수 없는 일들이 일어날 수 있다."고 경고하고 있습니다.

이는 모순된 의견 같지만 사실은 그렇지 않습니다.

IPCC는 21세기말 시점에 상승한다고 예측하고 있는데, 그 시점에서 해수면 상승이 멈춘다고는 말하지 않았습니다. 수위 상승은 극지^{남극, 북극, 히말라야}에 있는 육빙이 바다에 흘러 들어가거나, 수온 상승에 의한 열팽창에 의해 일어납니다. 여기에서 중요한 것은 '물의 뜨거워지기 어렵고 차가워지기 어려운 성질른 열용량'과 '팽창되어 늘어난 해수량' 때문에 설령 온실가스의 배출이 멈춰도 장기간에 걸쳐 수위가 계속 상승한다는 점입니다.

지금부터는 IPCC의 「제4차 평가 보고서」에 기반을 두고 이야기를 진행하겠습니다.

과거 및 미래의 사람이 배출하는 이산화탄소는 이 가스가 대기에서 제거되는 시간을 고려하면 이후 천 년 이상 온도 상승과 해수면 수위 상승에 기여할 것이다.

그린란드의 빙상은 계속 축소되어 2100년 이후 해수면 수위 상승의 요인이 될 것이다. 현재 모델에서는 공업화 이전과 비교해서 세계 평균 기온이 1.9~4.6℃ 상승하면, 기온 상승에 의한 얼음의 질량 감소가 강수량에 의한 증가를 상회한다.

이 상태가 계속 유지된다면 그린란드의 빙상은 완전히 소멸하고, 약 7m 정도 해수면이 올라갈 것이다. 그린란드의 미래 기온은 12만 5,000년 전 최후 간빙기의 추정 기온에 필적하게 될 것이며, 최후 간빙기 때는 극지방의 설빙 면적의 감소로 4~6m 정도 해수면 수위 상승이 일어났다.

위의 보고서는 '증가한 얼음의 양보다 감소한 얼음의 양이 많아지면 수위가 상승한다.'라고 요약할 수 있습니다. 그린란드의 빙상이 완전히 소멸하는 상황이라면 북반구에 한하더라도 알래스카나 시베리아의 육빙이 녹을 확률이 무척 높습니다. 이 상태라면 21세기 말이 되어도 해수면 수위 상승이 멈추지 않을 것입니다.

◆ 정적 변화와 동적 변화

IPCC의 예측은 어디까지나 정적 변화의 경우입니다. 정적 변화란 쌓인 눈이 자연스럽게 녹아 없어지거나, 눈사람이 조금씩 녹아서 자연스럽게 소멸되는 것 같은 변화를 말합니다.

한편 지붕에 쌓인 눈이 갑자기 툭 떨어지거나, 눈사람의 머리가 갑자기 떨어지는 것 같은 현상을 동적 변화라고 합니다. 지방에 쌓인 눈을 잘 관찰해 보면 동적 변화가 자주 일어난다는 것을 알 수 있어요.

지금부터 정원에 연못이 있는 집을 상상해 보세요.

봄이 되어 지붕에 쌓였던 눈이 녹으면 연못의 수위가 얼마나 올라갈까요?

정적 변화를 생각해 보면 지붕에 쌓인 눈의 양을 알면 계산할 수 있습니다. 눈의 부피를 측정해서 물의 양으로 환산하고, 연못의 면적으로 나누면 눈이 녹는 것에 따른 수위의 상승을 알 수 있겠지요. 여기에 수온이 상승할 때 동반되는 열 팽창분을 더하면, 수위 상승을 더 정확하게 계산할 수 있습니다.

그러나 동적 변화에 관해서는 '언제, 어떤 부분에서, 얼마만큼의 규모로 일어날까?'라고 예측하는 것이 불가능합니다.

남극 대륙에서 일어날 가능성이 있는 동적 변화는 '서남극의 빙상이 남극해로 미끄러져 떨어지고, 단숨에 해수면 수위가 5m 이상이나 상승'하는 것입니다.

과학자들은 대부분 "지금 바로 일어나지는 않는다. 일어난다고 해도 수백 년 후에 일어난다."라고 말하지만, 그것 역시 '현시점에서 말하는 견해'에 지나지 않습니다.

동적 변화에 대해서 IPCC의 「제4차 평가 보고서」에 다음과 같은 내용이 담겨 있습니다.

현재 모델에는 포함되어 있지 않지만 최근 관측 결과가 암시하는 빙하에 관련된 역학적인 과정을 보면, 상승된 온도에 의해 빙상의 취약성이 증가하고 해수면의 수위 상승을 가져올 가능성이 있다. 그러나 이러한 과정에 대해 이해하는 사람은 한정되어 있고, 그 규모에 대해서는 일치된 견해를 얻을 수 없다.

가장 우수한 과학자들조차도 '알 수 없다.'고 말하는 것이 현실입니다. '알지 못하기 때문에 알 때까지 아무 것도 하지 않는다.' 혹은 '모르기 때문에 지금부터 최악의 일이 생기지 않도록 손을 쓴다.' 저는 후자이지만 모두가 그렇게 생각하고 있지만은 않은 것 같네요.

Q 10 지구 온난화는 여러 곳에 기후 변화를 일으켜요

지구 온난화의 본질이 기후 변화라는 사실은 이제 알았는데, 여름이 선선하거나 추운 겨울이 되었을 때 '정말 온난화가 일어나고 있나?'라는 생각이 들기도 합니다. 아마 많은 사람이 그렇게 생각하고 있을지도 모릅니다. 그 모두를 대표한다는 생각에서 질문을 해 보았습니다.

◆ 지구 온난화의 본질은 기후 변화

2007년 일본의 여름은 굉장히 더웠습니다. 이 맹렬한 더위 때문에 온난화를 실감했던 사람이 많았지요. 그러나 2003년처럼 여름이 이상하게 저온이라면 어떻게 느낄까요? "온난화는 일어나지 않아. 모두 거짓말이야."라는 목소리가 여기저기에서 들리겠지요.

 이제 '지구 온난화의 본질은 기후 변화이고, 그 과정에서 급격한 기상 변화나 이상 기후가 빈번하게 일어난다.'고 생각해 주세요. 기온의 높고 낮음에 일희일비해서는 안 됩니다. 남극의 기온을 보면 계속 오르기만 하는 것이 아니라 지역이나 시기에 따라 내려가는 경우도 있습니다.

 지구 온난화를 부정하는 사람은 이 내려간 때만 예로 들면서 '남극의 기온은 저하되고 있다.'고 발표합니다. 또한 온난화를 강조하고 싶은 사람은 온도 상승을 보여 주는 데이터를 강조하지요.

 너무 중요해서 반복하지만, 지구 온난화란 지구 전체의 '지표 부근_{해수면 부근도 포} _함의 평균 기온이 상승하는 것'입니다. 어디까지나 '평균 기온'의 상승이라는 점을 꼭 기억해 두세요. 시기나 지역에 따라서는 '온도가 내려가는 경우도 있다'는 것 또한 명심하세요.

 앞으로는 이상 기후, 즉 평소와 동떨어진 기상 현상이 늘어날 것이라는 점도 중시해야 합니다. 극단적인 집중 호우나 가뭄, 심한 더위나 선선한 여름, 따뜻한 겨울과 몹시 추운 겨울, 거대한 태풍의 증가와 감소. 이러한 이변이 증가하는지 아닌지를 관찰하세요.

 그렇게 하면 이산화탄소 등 온실가스의 증가가 가져온 현상을 피부로 느낄 수 있을 것입니다.

Q 11 교토의정서가 무엇인가요?

여러 이야기를 듣고 나니 지구 온난화에 대해 조금은 알게 된 듯합니다. 더 깊이 알고 싶어서 저 스스로 조사를 하고 공부를 해 보았습니다. 그러다가 이해하기 어려운 단어가 있어 선생님에게 질문을 하려고 합니다. 신문이나 뉴스 등에 자주 나오는 '교토의정서'는 무엇인가요?

교토의정서란 기후 변화 협약의 목적을 달성하기 위해 1997년 12월에 교토에서 개최된 COP3^{제3회 당사국 총회}에서 채택된 의정서^{국가 간의 합의 문서}입니다.

인위적으로 배출되는 온실가스 중 이산화탄소, 메탄, 아산화질소, 불화탄소, 수소화불화탄소, 불화유황을 줄이자는 것이지요.

선진국은 온실가스 배출을 1990년과 비교하여 2008년~2012년에 일정 수준만큼 줄이자는 협약입니다^{선진국 전체에서는 5.2% 삭감, 예를 들면 일본 6%, 미국 7%, EU 8%}. 그러나 미국이 2001년에 탈퇴했기 때문에 발효 요건이 충족되지 못하는 상황이 계속되다가 2004년 11월에 러시아의 푸틴 대통령이 서명한 후 2005년 2월 16일에 발효되었습니다.

◆ 교토 메커니즘

교토의정서에는 선진국의 온실가스 배출량 삭감 수치 목표가 정해져 있습니다. 그러나 일본을 비롯한 몇몇 나라에서는 이미 에너지를 많이 사용하는 산업 구조를 갖추었기 때문에 목표 수치를 국내에서만 달성하는 것은 곤란하다고 말합니다.

또한 효율 개선의 여지가 많은 나라에서 대처하는 쪽이 경제적으로도 부담이

덜 되기 때문에 다른 나라의 삭감 실시에 투자를 행하는 것을 인정하자고 주장하지요. 이 제도를 '교토 메커니즘'이라고 말합니다. 온실가스 삭감을 보다 유연하게 실행하기 위한 경제적 메커니즘입니다.

대상국과 활동 종류에 따라 각각 클린 개발 메커니즘, 공동 실시, 배출량 거래 세 가지로 나뉩니다.

(1) 클린 개발 메커니즘

클린 개발 메커니즘은 선진국이 온실가스를 못 줄인 것에 대해 벌금을 내는 대신 개발도상국의 온실가스 감축 사업에 자본과 기술을 투자해 개발도상국의 지속가능한 발전에 기여하고 아울러 감축 산업을 통해 달성된 감축 실적을 자기 나라의 감축 의무 이행에 사용할 수 있도록 한 시스템입니다.

예를 들면 일본이 개발도상국의 이산화탄소를 삭감하기 위한 기술 원조를 하거나, 나무를 심거나 하는 것도 삭감 수치에 반영이 됩니다.

(2) 공동 실시

공동 실시란 어떤 사업을 국가 간에 행하는 것으로, 그에 따라 발생한 온실가스의 삭감량을 자유로운 배분으로 나눌 수 있는 제도입니다.

예를 들면 어느 나라가 구식 화력발전소를 최신식 천연가스 발전소로 전환할 때, 일본과 공동으로 사업을 실시했다고 합시다. 만약 이 사업에 들어간 자금을 일본이 많이 낸 경우, 이 사업으로 실현된 온실가스 삭감량을 일본에 그만큼 많이 제공한다는 것입니다.

자금이 적은 나라에 선진국의 발전된 기술을 제공할 수 있다는 장점이 있습니다.

(3) 배출권 거래

배출권 거래란 '온실가스를 배출할 수 있는 양을 한정하고, 배출 범위를 넘은 나라가 배출 범위보다 배출량이 적은 나라에서 배출권을 살 수 있는 제도'입니다.

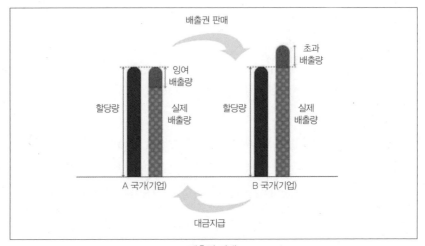

배출권 거래

이미 모든 목표를 달성해 버리고 더욱 감량을 할 수 있는 A 나라와 이대로는 목표를 달성할 수 없는 B 나라가 있다고 합시다. 이때 A 나라는 목표보다 더 감량을 하기 때문에, 목표치를 초과한 만큼 B나라에 팔 수 있습니다.

온실가스 감량이 힘든 나라는 적은 비용으로 감량이 가능해지고, 감량이 잘 이루어지고 있는 나라는 보다 많은 이익을 얻으면서 대폭적인 감량을 할 수 있다는 장점이 있습니다. 하지만 '충분하지 않으면 배출권을 사면 된다.'는 안이한 행동을 하는 나라가 나올 가능성이 있습니다. 얼마나 공평하게 현실성 있는 제도를 만들 수 있을까가 앞으로의 과제이겠지만, 만약 모든 나라가 배출량을 채우지 못한 경우 '이 이상 열심히 해도 소용없다.'고 온실가스 배출량 감소 노력을 포기하지 못하게 하는 시스템도 필요합니다.

한국에서는

1992년 6월 브라질 리우데자네이루에서 유엔환경개발회의가 개최되었습니다. 이 회의에 참석한 많은 나라는 기후변화협약을 맺었는데, 이것이 기후 변화와 관련해 세계적으로 맺은 가장 첫 번째 협약입니다. 이 기후 변화협약은 1994년 3월에 발효가 되었고, 현재 195개국 및 EU가 가입하고 있습니다. 우리나라는 1992년 12월에 47번째로 가입을 하였습니다.

기후변화협약 이후 전 세계는 1년에 한 번 한 자리에 모여 기후 변화와 관련된 회의와 협의를 하는 기후변화협약당사국총회Conference of the Parties, COP를 개최하고 있습니다. 기후변화당사국총회는 기후변화협약과 관련한 최종 의사 결정 기구로서 1995년 베를린에서 제1차 총회COP1가 개최되었습니다. 이후 1997년 교토의정서에서 선진국을 중심으로 온실가스를 감축하기로 하였지만, 기후 변화에 보다 적극적으로 대응하기 위해서는 한국을 비롯한 다른 개발도상국 역시 온실가스를 줄여야 한다는 필요성이 제기되었습니다. 한국은 제3차 당사국총회COP3에서 개발도상국으로 분류되어 온실가스 감축 의무 대상국에서 제외되었습니다. 이미 많이 개발된 선진국들이 발전 과정에서 온실가스를 많이 배출했으며, 따라서 온실가스를 감축함에 있어서도 선진국들이 감축 의무를 갖게 된 것이지요.

이에 따라 국제 사회는 2011년 제17차 더반 당사국총회에서 교토의정서 다음의 기후 변화 대응 체제로, 신진국과 개발노상국이 모두 참여하는 2020년 이후의 새로운 기후 체제에 대해 의논하였습니다.

2015년 12월, 프랑스 파리에서 제21차 당사국총회가 열렸습니다. 이 총회에서 우리나라는 신기후체제 성공을 위한 세 가지 방안을 제시했지요. 첫째, 에너지 신산업을 통한 온실가스 감축. 둘째, 새로운 비즈니스 모델을 개도국과 적극 공유. 셋째, 배출권 거래제 운영을 토대로 국제 탄소시장 구축 논의에 적극 참여한다는 것입니다. 앞으로 우리나라의 신기후체제 실행 모습이 기대가 됩니다.

Q 12 우리들은 무엇을 할 수 있을까요?

저도 이제부터 가능한 방법을 많이 찾아서 하나하나씩 실천해야겠다는 생각을 했습니다. 하지만 무엇부터 손을 대야 할지 통 알 수가 없네요. 어떤 것부터 시작하면 좋을까요?

환경 문제는 모두 연결되어 있기 때문에 한 가지를 실천하는 것이 전체에 좋은 영향을 미칩니다. 자세한 이야기는 2부에서 하기로 하고, 여기에서는 온난화를 방지하기 위한 생각들을 소개하지요.

◆ 편리하고 쾌적한 삶을 재점검하자
'여름은 시원하고, 겨울은 따뜻하게 보내고 싶다.'
'더욱 빠르게, 더욱 멀리까지 이동하고 싶다.'
'더 맛있는 음식을 먹고 싶다.'

이렇게 인간은 자연의 방식과는 반대 방향으로 나아가려고 합니다.

자연과 반대 방향으로 나가려고 하기 때문에 무리를 하게 되지요. 이 과정에서 인간의 힘으로는 한계가 있기 때문에 많은 에너지를 씁니다. 에너지를 사용하면 이산화탄소가 늘어나고 온난화가 진행되지요.

확실히 이산화탄소 배출량은 경제나 생활의 수준이 올라가는 만큼 증가합니다. 경제와 생활 수준이 올라간다는 것은 편리하고 쾌적한 생활을 계속 추구해 간다는 것과 같으니까요.

결국, 지구 온난화의 근본 원인은 선진국 사람들이 편리하고 쾌적한 생활을 지나치게 지향하는 데 있는 듯합니다.

한 사람이 배출하는 온실가스 배출량을 봐도 선진국은 개발도상국보다 몇 배에서 몇 십 배나 많습니다. 일본은 지난 40년간 전기 소비량이 20배, 자동차 수가 50배나 늘어났습니다. 선진국은 더욱 경제를 확대하고자 하며, 개발도상국은 선진국에 들어가기 위해 '따라잡고 넘어서자!'를 슬로건으로 내걸고 분발하고 있습니다. 지금 이대로 간다면 지구 온난화 속도가 더욱 빨라지겠지요.

지구 온난화로 수몰 위기에 처한 몰디브 같은 작은 섬나라 사람들은 이산화탄소를 그다지 많이 배출하지 않는다는 사실에 주목하세요. 그곳에 사는 사람들은 "만약 우리들이 이산화탄소를 선진국 수준으로 배출하여 나라가 가라앉는 것이라면 자업자득이겠지만 우리 나라는 자동차도 공장도 많지 않아서 거의 이산화탄소를 배출하지 않습니다. 어째서 우리 나라가 이산화탄소를 대량으로 배출하고 있는 선진국 때문에 가라앉아야만 하나요!"라고 호소하고 있습니다.

산업화된 나라 사람들은 이 목소리를 진심으로 받아들이고 '만약 우리 나라가 그와 같은 상황이라면 어떻게 할까?'에 대하여 생각할 필요가 있습니다.

우리의 편리하고 쾌적한 삶을 재점검해야 하지 않을까요?

한 명의 사람은 작은 물방울 하나입니다. 그러나 한 방울의 물이 모여서 바다가 되듯이, 마음을 하나로 모아서 함께 지혜를 낸다면 반드시 멋진 해결책이 나올 것입니다. 그러기 위해서는 우선 나부터, 작은 일부터 실천해야 할 것입니다.

제 2 장

물이 부족하다! 물을 마실 수 없다!

Q 13 지구에 물이 부족해요

물이 중요하다는 것은 잘 알고 있지만 '물이 부족하다.'라든가 '물을 마실 수 없다.'라는 말은 사실 실감이 나지 않습니다.

아프리카 같은 곳에서는 사막화가 일어나고 있다고 하고, 여러 곳에서 물이 오염되고 있다고도 하고……. 수자원 위기가 사실인 것 같기는 합니다. 이번 기회에 선생님에게 확실하게 배워야겠다는 생각에 수자원 위기에 대해 여러 가지 질문을 하려고 합니다.

지구를 '물의 행성'이라고 부르듯이 지구에는 풍부한 물이 존재합니다. 그 때문에 생명의 성장과 진화에 맞는 환경이 조성되고, 다양한 생태계가 만들어졌지요.

지금 그 물이 '물 부족'과 '수질 오염'이라는 두 가지 큰 문제에 직면하고 있습니다.

국제연합의 보고에 의하면 '현재 마실 물이 부족한 사람은 전 세계적으로 10억 명 이상이고, 약 25억 명 정도가 적절한 위생 서비스를 받지 못하는 상황'이라고 합니다. 또한 '예방할 수 있는 수계_{지표의 물이 점차로 모여서 같은 물줄기를 이루는 계통} 감염증 때문에 연간 200만 명의 아이들이 사망하고 있다.'고 합니다.

◆ 수자원 위기는 생물 존속 위기

물이 부족하거나 오염되면 지구 생물에게는 큰일이 생깁니다.

35억 년 전 단세포 생물이 물속에서 탄생했고, 지구상의 생명은 모두 이것에서 진화해 왔습니다. 그래서 체내에 많은 물이 있는 것이지요.

인간도 예외가 아닙니다. 몸의 60% 이상이 물이니까요. 물을 마시지 않고

4~5일이 지나면 사람은 죽을 수도 있습니다. 사막의 생물조차 물이 완전히 없다면 살아갈 수 없습니다. 또한 오염된 물을 마시면 체내가 오염되어 병에 걸리고, 경우에 따라서는 사망하게 됩니다. 그런 의미에서 수자원의 위기는 생물 존속의 위기가 될 수 있습니다.

Q 14 물 때문에 전쟁이 일어난다고?

수자원 위기에 따른 최악의 시나리오는 '생물의 멸종'이라고 말할 수 있겠군요. 당연히 인간도 생물이니까 큰 영향을 받게 되겠네요.
선생님, 이렇게 생각해도 되는 것일까요?

◆ 물을 둘러싼 싸움으로 발전

물이 없어지면 인간은 절대로 살 수 없습니다. 석유가 고갈되면 불편하기는 해도 살아갈 수는 있습니다. 석유가 생명에 직접적으로 영향을 끼치는 것은 아니기 때문입니다. 하지만 물이 없으면 생명체가 존재할 수 없습니다. 이 같은 사실은 물 부족으로 고민하는 국가와 민족 간에 물 분쟁이 시작될 가능성이 있다는 점을 보여 줍니다.

아프리카, 중동, 중국, 중앙아시아 등에서는 앞으로 25년 후 인구가 배로 증가할 것입니다. 물의 공급이 곤란해지는 상황을 피할 수 없겠지요. 국제연합은 '20세기의 전쟁은 주로 석유가 원인이었지만, 21세기에는 물을 둘러싼 것이 될 것이다.'라고 예상하고 있습니다.

특히 하천은 국경을 넘어서 흐르고 있는 것이 많고 갠지스 강, 나일 강, 요

르단 강, 티그리스·유프라테스 강, 아랄 해에 흐르는 아무다리아 강, 실다리아 강 등의 유역에서는 물을 둘러싼 분쟁이 일어날 가능성이 높다고 할 수 있습니다.

이미 분쟁이 일어나고 있는 지역도 있습니다. 1990년 이후 남아프리카 공화국, 이라크, 인도, 유고슬라비아 등에서 분쟁이 일어나고 있습니다. 특히 인도에서는 카나타카 주와 타밀 · 나도우 주를 가로질러 흐르는 코베리 강의 관개용수 분배를 둘러싼 양쪽 주 주민 간 대립이 벌어져 사람들이 사망하기도 했습니다.

앞으로 물 부족이 염려되는 나라 대부분이 '핵무기 보유국'이라는 점은 대단히 심각한 문제입니다.

우리는 '수자원 위기가 평화에 대한 위협이기도 하다.'라는 사실을 자각할 필요가 있습니다.

Q 15 가장 풍부한 자원? 가장 부족한 자원!

물이 자원이라고 불릴 만큼 중요한 것인가요?
자원이라고 하면 우리들이 생활하는 데 없어서는 안 될 귀중한 것이잖아요. 그렇지만 태평양 등 해양에 있는 엄청난 양의 물을 떠올리면, 석유나 석탄 등 천연자원과는 다르다는 생각이 들어요. 조금 알기 쉽게 설명해 주세요.

◆ 극히 적은 담수
바다를 보고 있으면 수자원이 굉장히 많다고 생각할 것입니다. 확실히 물 자체는 지구상에 풍부하게 존재합니다. 하지만 수자원이란 '담수^{민물} 자원'을 의미합니다.

지구상에 존재하는 물의 97.4%는 바닷물입니다. 물고기나 고래 같은 바다 생물은 바닷물에서도 살 수 있지만, 육지 생물이 살아가기 위해서는 담수라는 염분의 농도가 적은 청정한 물이 반드시 필요합니다.

담수는 고작 2.6% 밖에 없는데, 그 대부분은 남극과 북극의 얼음으로 존재합니다. 육지 생물이 실질적으로 사용할 수 있는 담수는 대단히 적은 0.8%에 불과합니다. 특히 인간이 음료용 등으로 사용할 수 있는 담수는 0.07%에 지나지 않습니다. 이 적은 양을 육지의 모든 생물이 나눠 사용해야 하는 것이지요.

인간, 동물, 새, 식물……. 평등하게 나눈다면 충분한 양입니다. 그러나 인간이 대량으로 사용해서 모두에게 피해를 주게 되었습니다.

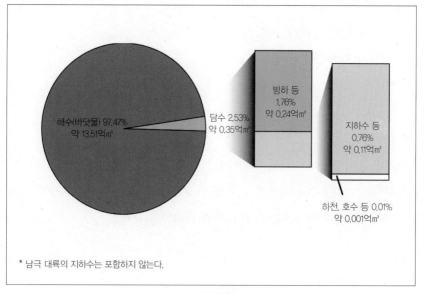

지구의 물

자원이란 인간 활동에 이용할 수 있는 것을 뜻합니다. 그러나 담수는 지구에 사는 (특히 육지의) 모든 생물이 활동하는 데 없어서는 안 되는 꼭 필요한 것이기 때문에 자원이라는 단어가 부적절할지도 모릅니다.

여기에서는 관례에 따라 수자원이라는 단어를 사용하지만, 머릿속으로는 모든 생물과 나눠 쓰는 담수라고 생각해 주세요.

Q 16 물 오염 정말 이래도 될까요?

> 수자원과 그 위기에 대해서는 잘 알았습니다.
> 어째서 그와 같은 위기가 생긴 걸까요?
> 원인을 알려 주세요.

수자원 위기에는 다양한 원인이 맞물려 있습니다.

우선 물 부족 원인에 대해 알아봅시다.

◆ 물 부족의 원인

(1) 관개

관개란 논이나 밭으로 물을 끌어와서 토지를 윤택하게 만드는 것입니다.

예전에는 관개용수로 강물을 사용했습니다. 그렇지만 시간이 흐름에 따라 규모가 매우 커져 버려서 많은 강이 말라 버리게 되었지요.

(2) 물 소비량의 급증

공업화와 도시화에 따라 공업용수와 생활용수의 수요가 급증했기 때문에, 세계의 연간 물 소비량은 1950년 이후 3배 이상 늘어났습니다. 1970년 이후 세계 인구가 18억 명 증가했기 때문에 1인당 물 공급량이 3배 이상 감소했습니다. 생활 폐수나 공장 폐수로 물이 오염되어 이용할 수 있는 물이 적어진 것도 물 부족의 원인입니다.

이미 일부 지역은 만성적인 물 부족으로 고생하고 있습니다.

국제연합은 '2025년까지 세계 인구의 3분의 2가 물 부족으로 고생하게 될 가능성이 있다.'라고 발표했습니다. 특히 아프리카에서는 심각한 물 부족에 당면한 사람들이 2010년까지 4억 명에 달할 것이라고 예상하고 있지요. 또한 글로벌워터폴리시프로젝트 대표인 산드라 포스텔은 "지금까지 수자원이 풍부한 지역이라고 생각되어 왔던 미국과 중국에서도 일부에서 심각한 물 부족에 부딪힐 가능성이 있다."라고 말합니다.

물 부족은 농업 생산에도 악영향을 미치고 이것은 식량 부족과 직결됩니다.

포스텔은 "현재 농업에서 사용하는 물은 세계 물 사용량의 약 3분의 2를 차지하고 있고, 물 사용량의 90%를 농업 용수로 사용하는 개발도상국도 많다. 2025년에는 지구의 인구가 80억 명에 달하고, 식량 수요도 대폭 증가할 것으로 전망된다. 이 정도의 인구를 부양할 식량을 생산하기 위해서는 물의 공급량을 약 8,000억㎥ 8,000억 톤나 늘려야 하고 이것은 나일 강의 연간 유량의 10배 이상에 필적한다.'라고 지적하고 있습니다.

(3) 난개발에 따른 수원 소멸

리조트나 골프장을 만들기 위해서 보수 능력이 큰 산림을 채벌하거나, 호수나 강을 메우기 때문에 수원물이 흘러나오는 근원이 사라지고 있습니다. 또한 도시화 때문에 물이 있던 곳이 점점 공장이나 주택지로 바뀜과 동시에 그곳에 있던 물이 사라져 버리게 되지요.

도로를 아스팔트화하고 강의 주변을 콘크리트로 막아 버려서 빗물이나 강물이
지하로 스며들 수 없게 한 것도 큰 문제입니다.

이와 같은 난개발은 현재도 계속 진행 중에 있고, 앞으로도 대규모로 추진될
것입니다.

(4) 지구 온난화에 따른 기후 변화

국제연합은 지구 온난화로 첫째, 가뭄 피해가 늘어난다 둘째, 온대 아시아
에서는 많은 하천에서 유량이 감소한다 셋째, 산악 빙하의 부피가 2050년까
지 25% 줄어들고, 2100년에는 빙하에서 유출되는 물의 양이 현재의 3분의
2로 줄어든다.' 라고 예측하고 있습니다.

산림 지대의 과잉 벌채나 인공림의 황폐 등으로 산림의 보수 능력 자체가 감
소하고 있습니다. 집중 호우가 내리면 산림과 토양의 침투 수량^{보수} ^{능력}을 가볍
게 넘어서고, 흘러 넘친 빗물은 눈 깜짝할 사이에 바다에 도착합니다. 한편
건조하고 맑은 하늘이 계속되면 하천이 마르게 됩니다. 또한 기온 상승으로
산악 빙하나 폭설 지대의 적설량이 줄면 눈이 녹은 물도 감소하게 됩니다.

이런 식으로 지구 온난화가 진행되면 담수 자원이 감소하는 것은 피할 수 없
습니다.

일본 국립환경연구소는 '21세기 후반 이산화탄소 농도가 2배가 되면 중국을
비롯하여 서아시아 일대, 오스트레일리아, 동남아시아 등 넓은 범위에서 물
이 말랐을 때, 강의 유량이 현재보다 25~50%나 감소한다.'고 말하고 있습
니다.

◆ 수질 오염의 원인

경제 성장을 중시하는 나라에서는 대량 생산, 대량 소비를 미덕으로 여기고

있습니다. 그 이면에는 대량 폐기가 전제로 깔려 있지요. 그 결과 대량의 폐기물이 타 들어가고, 음식 찌꺼기와 오염수가 배출되고 있습니다.

이와 같은 폐기물이 하천, 호수, 해양, 지하수 등을 오염시키고 생태계를 파괴하고 있습니다. 최근에는 이 문제가 개발도상국으로까지 확대되어 국경을 넘는 지구 환경 문제로 발전되고 있습니다.

세계보건기구는 세계 인구의 50%가 위생 설비가 정비되지 않은 곳에서 살고 있고, 개발도상국에 나타나는 질병의 80%는 오염된 물이 원인이라고 발표했습니다. 8초에 1명 꼴로 아이들이 물과 관련된 질병 때문에 사망하고 있지요.

(1) 하천

하천으로 대량의 생활 폐수와 산업 폐수가 흘러 들어오고 있습니다.

가정의 화장실에서 나오는 오수와 생활 폐수라고 불리는 부엌과 욕실의 물이 배출되고 있습니다. 화장실에서 나온 오수는 하수처리장과 정화조에서 처리되지만, 생활 폐수는 지금도 많은 지역에서 잘 처리되지 못한 채 하천으로 그대로 보내집니다. 이 생활 폐수에는 화장실에서 나온 오수보다 2배 이상 많은 유기물이 있습니다. 이것이 하수도 보급의 지연 원인이 되지요.

상류에 댐을 건설하여 수질이 악화되는 경우도 있습니다.

댐을 만들면 물의 흐름이 멈춰 버립니다. 또한 댐 안에 갇혀 있는 호수는 상류에서 운반된 유기물이 많은 토사를 흘려보내지 못합니다. 그냥 밑으로 가라앉을 뿐이지요. 그렇게 되면 본래 하천이 갖고 있는 자정 작용으로는 대처할 수 없게 되고 수질이 악화되어 버립니다. 그 물이 하류로 흘러 내려가 가정 폐수 등과 합류하면 자정 작용이 더 어렵게 되고 물은 더욱 오염되게 됩니다.

(2) 호수와 늪

 호수와 늪은 자연 상태에서도 오염됩니다.

 호수와 늪은 육지로 둘러싸여 있기 때문에 바다처럼 대량으로 물이 교체되지 않는 것이 특징입니다. 이러한 수역을 '폐쇄성 수역' 혹은 '정체성 수역'이라고 부릅니다. 이 때문에 자연 상태에서도 주위의 산림에서 낙엽 등이 흘러 들어가 인이나 질소가 축적됩니다.

 최근에는 인간이 배출하는 생활 폐수가 더해져 호수와 늪의 오염이 점점 더 가속화되고 있습니다. 합성세제에 함유된 인이나 질소, 기름과 부엌 쓰레기에 포함된 유기물 때문에 영양 과다 상태, 즉 부ᵉ영양화가 진행되는 것이지요. 부영양화가 진행되면 해조 등이 대량으로 번식해서 수면이 녹색으로 물들거나 대단히 붉어지는 적조가 발생합니다. 이것들이 산소를 대량으로 소비해서 호수가 산소 부족 상태가 되어 버리지요. 이 때문에 물고기 등 물에 사는 생물이 죽어 버리고 맙니다.

● 북해에서 바다표범이 멸종

 1988년에 북해 연안에서 1만 8,000마리의 바다표범이 죽어 해안으로 쓸려 올라왔습니다. 고농도 유해 물질 때문에 바다표범의 면역력이 저하되고 바이러스에 감염된 것이 아닐까 추측할 수 있습니다.

 북해는 바다라고 하지만 대단히 좁고 수량이 동해의 30분의 1밖에 되지 않습니다. 좁은 바다에 폐수·폐기물 투척, 해저 유전에서 누출된 원유 등으로 대량의 유해 물질이 유럽 안으로 흘러 들어간 것입니다.

● 유조선 등에서 대량의 원유가 유출

 1989년에 알래스카에서 일어난 발디즈 호의 좌초 사고로 4만 톤이 넘는 원유가 유출되었습니다. 주변 해안이나 섬들이 오염되어 해달과 바닷새가 죽는 일이 자주 발생했지요.

사고 후 10년 이상이 지난 후에도 청어의 어획량이 대폭 줄고, 오리의 알 껍질이 매우 얇아지는 등 후유증이 계속되고 있습니다.

원유가 유출되면 얇은 기름막이 형성되어 해수면을 덮어 버리고, 해수에 산소가 공급되지 않습니다. 게다가 원유를 분해하기 위해서 사용한 계면활성제가 독으로 작용하는 등 장기간에 걸쳐 해역의 생태계를 파괴합니다.

(3) 해양

바다는 지구 표면적의 70%를 차지하고 있고 모두 연결되어 있습니다. 그래서 한 곳이 오염되면 해류를 따라 지구 전체로 확산되지요.

예를 들면 석유가 대량으로 유출되면 얇은 기름막이 만들어져 바다를 덮고, 광범위하게 생태계가 파괴됩니다. 또한 대기 중에 방출된 유해 물질도 결국 하천과 비를 통해서 바다로 들어가지요. 공장의 연기나 자동차의 배기가스도 결국은 바다를 오염시키는 요인이 됩니다.

PCB와 농약 같은 합성 화학 물질이 북극해에서 검출되고 있는데, 이 대부분이 대기에 의해 운반된 것이라고 생각됩니다.

(4) 지하수

지하수는 물 부족 현상뿐만 아니라 오염이 되어 대단히 위험한 상태가 되었습니다.

미국에는 반도체 등 하이테크 산업으로 유명한 실리콘밸리가 있습니다. 이 지역 내 지하수에서 약 100종류의 화학 물질이 발견되었습니다. 실리콘밸리에서는 음료수의 약 절반을 지하수에 의존하고 있는데, 물의 오염은 이미 지하 150m 이상의 깊은 곳까지 도달했고, 앞으로 피해가 더욱 늘어나지는 않을까 걱정을 하고 있습니다. 실리콘밸리와 비슷한 상황이 일본에서도 빈번하게 일어나고 있습니다. 지금도 공장과 공장 주변의 지하수에서 발암성이 있는 유기염소 화합물이 환경 기준의 1만 배가 넘는 고농도로 검출되고 있습니다.

앞서 관개용수 등으로 지하수를 대량으로 소비하고 있다는 사실을 말했는데, 이 때문에 오염이 일어나기도 합니다.

과잉으로 퍼 올린 지하수의 수위가 내려가면 산소가 흘러 들어갈 수 있습니다. 지하수 안에는 원래 산소가 거의 없습니다. 여기에 산소가 들어가면 산화력이 높아지지요. 그렇게 되면 물에 접하고 있는 토지나 광물이 산화되고 독성이 있는 비소화합물 등이 물에 녹아서 배출됩니다.

◆ 물 부족과 수질 오염이 동시에 진행된다

물이 부족하면 자정 작용이 일어나지 않아서 수질 오염이 발생합니다. 또한 수질 오염이 진행되면 이용할 수 있는 물이 적어지지요. 우리들은 대량으로 물을 소비하고 있는 동시에 대량의 폐기물로 물을 오염시키고 있습니다.

제조업에서는 대량 생산을 하기 위해 대량의 물을 소비하고 있습니다. 생산물이 늘어나는 만큼 더욱 대량으로 물을 하천과 지하에서 퍼 올리고, 또한 많은 종류의 오염 물질을 대량으로 방출하지요. 그 결과 지하수 과다 사용에 따른 물 부족, 지반 침하, 폐수 침투에 의한 수질 오염 문제가 일어나지요.

◉ 원 포인트 강좌 - 물의 자정 작용에 대해서

물의 오염에 대해 말하기 전에 우선 '물의 자정 작용'에 대하여 알아봅시다.

강이나 호수는 일정 부분 오염을 스스로 정화합니다. 이것을 '자연 정화 작용' 혹은 '자정 작용'이라고 합니다. 이러한 자연 정화에는 한계가 있어서 그 한계를 넘으면 오염원이 점점 축적됩니다.

인구가 극단적으로 밀집되어 있는 대도시에서 방출하는 대량의 생활 폐수나 산업 폐수가 하천과 호수에 흘러 들어가고 있습니다.

폐수에는 유기물이 다량으로 포함되어 있습니다. 플라스틱과 석유 같은 유기물은 물론이고, 부엌 쓰레기나 대소변을 방치해 두면 썩어 버리는 것도 이에 해당되지요. 유기물은 미생물에게 영양분이 되기 때문에 물 안에 배출된다면 자연스럽게 미생물이 모여들게 됩니다. 미생물은 영양물질을 먹을 때 산소를 소비합니다. 물 안에 녹을 수 있는 산소_{용존 산소}의 양은 많아도 10ppm_{물 100kg 안에 산소가 1g 상당} 정도입니다. 용존 산소가 충분한 경우에는 문제가 일어나지 않습니다. 그러나 물 안에 영양분이 많아지면 그만큼 많은 미생물이 모이고 눈 깜짝할 사이에 산소를 다 써 버립니다. 물고기와 조개는 산소 결핍으로 죽어 버리지요. 그렇게 되면 물고기와 조개의 시체에서 나오는 메탄가스나 황화수소 등으로 인해 더욱 수질이 악화됩니다.

'우리가 버리는 생활 폐수 때문에 수중 생태계가 파괴되고 많은 수중 생물이 생명을 잃고 있다는 사실에 유념하세요. 우리는 우리가 살아가는데 꼭 필요한 영양을 버려 귀중한 생명을 앗아가고 있는 것입니다.

◉ 원 포인트 강좌 - BOD와 COD

물의 오염을 나타낼 때 BOD와 COD가 자주 사용됩니다. 모두 물 안에 포함된 유기물의 양을 나타내는 지표입니다.

BOD는 'Biochemical Oxygen Demand'의 약자로, '생물화학적 산소요구량'

입니다. 밀폐 유리병에 물을 넣고 20℃에서 5일간 방치해 두면 물속의 산소가 감소합니다. 박테리아가 물속의 유기물을 먹을 때 산소를 소비하기 때문에, 이 줄어든 산소의 양을 BOD 수치로 나타낼 수 있습니다.

물속에 유기물이 많은 만큼 BOD의 수치가 커지기 때문에 일반적으로 '하천의 유기물에 의한 오염 지표'로 사용하고 있습니다. 하지만 BOD가 물속에 있는 유기물의 전량을 나타낸다고 오해하면 안됩니다. 예를 들면 박테리아가 분해하기 어려운 유기물은 BOD로 나타낼 수 없습니다. 인공 물질과 펄프의 성분인 리그닌 등이 대표적이지요. 또한 독성이 강한 성분이 포함되어 있으면 박테리아가 죽어 버리고, BOD의 수치가 극히 낮아집니다. 비누나 세제 등을 배출하여 BOD 수치가 낮아졌다고 환경이 좋아졌다고는 말할 수 없겠지요.

COD는 'Chemical Oxygen Demand'의 약자로, 화학적 산소요구량입니다. 박테리아가 아니라 산화제를 사용하여 물속에 포함된 물질을 화학적으로 산화해서 측정합니다. 이때 감소한 산화제 안의 산소 양을 COD라고 부르지요.

일반적으로 COD는 호수와 바다의 오염 지표로 사용합니다.

COD 수치도 산화제로 산화할 수 없는 물질은 측정할 수 없고, 유기물이 아닌 것까지 산화되기 때문에 오차가 생깁니다. BOD가 마찬가지로 정확한 유기물의 양은 측정할 수 없습니다.

잔류염^{수돗물 안에 남아 있는 염소분}을 제거하기 위한 환원제나 환원수 등이 자주 사용되는데, 이것들이 측정수에 섞여 있으면 COD의 수치가 커져 버리기 때문에 주의가 필요합니다.

BOD와 COD는 문제도 있지만 편리한 방법이기 때문에 많이 활용되고 있습니다.

이 외에도 TOC라는 지표가 있습니다.

TOC란 'Total Organic Carbon'의 약자로, 모든 유기탄소^{물속에 존재하는 유기화합물 속의}

탄소량를 나타냅니다.

TOC는 900~950℃의 산소나, 이산화탄소를 포함하지 않는 공기 중에서 물속의 유기물질을 분해시켜서 유기체의 탄소를 이산화탄소로 만들고, 그 농도를 측정하는 방법으로 탄소량을 구합니다.

BOD와 COD가 물속의 유기물 분해에 필요한 산소의 양을 구하는 방법인데 비해, TOC는 물속 유기물에 포함된 탄소의 양을 구하는 방법입니다.

BOD와 COD는 오염 물질의 전량을 재는 것은 아니지만, TOC는 거의 전량을 측정할 수 있습니다. 다만 박테리아 속의 탄소도 당연히 함유됩니다.

유기물에 의한 수질 오염을 자세히 조사하고 싶을 때는 BOD, COD에 TOC의 데이터를 더하면 더 전체적인 모습을 알 수 있습니다.

한국에서는

가상수버추얼워터에 대하여 알아볼까요?

가상수는 가상의 물로, 생산과 유통, 소비 등 전 과정에서 사용되는 물을 말합니다. 우리가 자주 사용하는 종이 한 장의 가상수는 나무가 자라기까지 필요한 물의 양과 나무를 베어 종이를 만들기까지 사용된 물의 양을 모두 합한 것이지요.

가상수는 1998년 토니 앨런 교수가 처음으로 주장했습니다. 우리가 먹고 사용하는 모든 것에는 보이지는 않지만 많은 물이 사용되고 있다는 것을 알리기 위해 만든 것이지요. 가상수를 통해 우리는 실제로 매우 많은 물을 사용하고 있다는 것을 알 수 있습니다. 우유 한 잔을 만들기 위해서는 200ℓ 물이 필요하고 커피 한 잔을 만들기 위해서는 140ℓ의 물이 필요합니다. 또한 햄버거가 한 개를 만들기 위해서는 2,400ℓ의 물이 필요하지요. 우리가 자주 사용하는 A4 용지 한 장을 만들기 위해서는 10ℓ의 물이 필요합니다.

제품을 생산하는데 필요한 가상수

대한민국은 가상수를 얼마나 사용할까요? 우리나라의 가상수 평균 사용량은 1,629㎥/1인으로 세계 평균 가상수 사용량 1,385㎥/1인 보다 높습니다. 아래 지도는 1996년부터 2005년 동안 전 세계 가상수의 정도를 나타낸 것입니다. 붉은색에 가까울수록 가상수의 수입이 많다는 것을 의미합니다. 선명한 붉은색 대한민국을 찾았나요? 2006년 독일의 사회생태학연구소의 발표에 따르면, 한국은 연간 320억㎥의 가상수를 수입하고 있으며, 이것은 스리랑카, 일본 등에 이어 세계 5위라고 합니다. 우리나라는 물을 수입하면서까지 아주 많이 사용하고 있습니다.

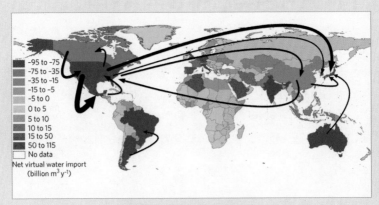

세계 가상수 정도(1996~2005)

지구에 존재하는 물의 총량은 약 1,400,000,000㎦입니다. 그중, 인간이 사용할 수 있는 담수는 90,000㎦로, 우리 인간은 지구의 물 중 0.07%에 의존해 살고 있지요.

한국의 1인당 강수량은 연간 2,629㎥로 세계 평균의 16%에 불과합니다. 여름에 비가 많이 내려 물이 풍부할 것 같지만 우리나라는 사실 물 부족 국가입니다. 이렇게 물이 부족한 나라에서 우리는 물을 너무 함부로 사용하고 있는 것은 아닌지 다시 한 번 생각해 보아야 합니다.

Q 17 물이 썩으면 내 몸도 썩어요

아버지는 강물이 옛날과 비교하면 대단히 깨끗해졌다고 합니다. 최근에는 도시의 강물에서도 많은 물고기가 살고 있고, 깨끗한 물에서만 서식하는 은어가 발견되는 경우도 있습니다. 그러므로 물이 오염되었다는 말이 실감 나지 않습니다.

다마천에 연어가 돌아왔다는 뉴스도 들었고요. 그런데도 강물의 수질이 나빠지는 것일까요?

눈에 보이는 오염에서 눈에 보이지 않는 오염으로

확실히 최근에는 도시 주변의 강이 조금씩 깨끗해지고 있는 것처럼 보입니다. 물고기가 돌아온 강도 많고요. 하지만 안심해서는 안 됩니다. 이전에는 침전물이나 해초의 번식과 같이 눈에 보이는 오염물이 주를 이루었습니다. 최근 하천은 투명하게 보여도 다이옥신, PCB, 유기염소 화합물, 병원균 등이 포함되어 있는 경우가 있지요. 이 오염물 대부분이 먹이 사슬 속에서 수생 생물에 축적되어 악영향을 미치고, 더 나아가서는 우리 인간의 건강에 해를 끼칠 가능성이 있습니다.

....

◉ 원 포인트 강좌 - 먹이 사슬과 생물 농축

◆ 먹이 사슬 – 생물의 연결

동물과 식물이 많이 살고 있는 곳에는 어떤 생물종이 다른 종의 먹이가 되고, 그 포식자가 또 다른 먹이로 연결될 수 있습니다. 이것을 먹이 사슬이라고 부릅니다.

이 경우 한 개의 쇠사슬이므로, 하나의 고리라고 생각하는 쪽이 좋겠지요.

예를 들면 물속에서는 미생물 → 식물성 플랑크톤 → 동물성 플랑크톤 → 치어_{알에} _{서 깬 지 얼마 안 되는 어린 물고기} → 작은 물고기 → 중간 물고기 → 큰 물고기 → 미생물이라는 큰 고리가 만들어집니다. 또한 육상에서는 미생물 → 소형 곤충 → 지렁이 → 두더 지, 새 → 맹금류_{독수리나 매같이 사납고 육식을 하는 종}, 육식 동물 → 미생물이라는 먹이 사슬이 멋진 고리를 만들고 있습니다.

실제 먹이 사슬은 물속, 육상생물 등이 복잡하게 얽혀 있습니다. 최근에는 '식물 망'이라고 불리는 것도 많아졌습니다.

동식물이 하나의 고리 안에 연결된 채 살아가고 있는 것이지요. 모두가 공생하고 있는 것입니다. 이 고리의 중간이 절단되면 생물의 연결이 도중에 끊겨 버려서 모 든 생물이 살아갈 수 없게 됩니다.

최근 이 먹이 사슬이 잘리고 있습니다. 그 이유는 무엇일까요?

① 인간에게 필요 없으니까

먹이 사슬이 잘리는 첫 번째 이유는 인간에게 필요 없거나 혹은 방해가 되는 생물을 죽여 버리기 때문입니다. 예를 들면 살충제나 농약 등을 사용하여 해충을 박멸하 는 것이지요.

해충이란 무엇일까요? 밭에 심어 놓은 야채를 구멍투성이가 되도록 먹어 버리거 나, 농작물을 먹거나 해서 인간에게 불편을 끼치는 벌레입니다. 해충은 인간에게 피해를 끼치기 때문에 나쁜 벌레, 익충은 해충을 먹기 때문에 좋은 벌레이지요. 잠 자리 유충은 농작물을 먹기 때문에 해충이고, 잠자리는 해충을 먹기 때문에 익충 입니다. 그러나 벌레는 인간에게 피해를 주기 위해서 야채 등을 먹는 것이 아닙니 다. 살기 위해서 먹는 것이지요. 잠자리 유충은 잠자리의 새끼인데 잠자리 유충을 죽여 버리면 잠자리도 없어져 버립니다. 해충이 나쁜 벌레이기 때문에 죽이면, 익충도 없어져 버리는 것이지요.

해충도 익충도 인간이 자신의 상황에서 만든 단어에 지나지 않습니다.

중요한 것은 그런 벌레가 없어져 버리기 때문에 지렁이가 없어지고, 지렁이가 없어지면 두더지가 없어지게 되므로 먹이 사슬이 잘려 버린다는 것입니다.

② 인간에게 필요하니까

인간이 '맛있으니까'라든가 '날개가 예쁘니까'와 같은 이유로 잡아 두고 있으면, 난획_{짐승이나 물고기 따위를 함부로 잡음}에 의해 먹이 사슬이 끊어지고 맙니다.

③ 모르는 사이에

지구 환경 문제의 악화나 댐과 리조트 등을 난개발하면 넓은 지역에서 생물의 연결 고리가 끊길 수 밖에 없습니다. 많은 사람이 먹이 사슬을 끊어야겠다는 생각으로 행동하고 있는 것은 아닐 겁니다. 모르는 사이에 생물이 없어지고 있는 것이지요.

◆ 생물 농축

많은 유해 화학 물질은 생물의 몸 안에 점점 축적되어 갑니다. 이것을 '생물 농축' 혹은 '생태 농축_{생체 농축}'이라고 하지요.

먹이 사슬은 어떤 생물이 다른 생물을 먹는 것에 의해 성립됩니다. 이런 이유로 만약 어떤 생물종의 몸에 유해 화학 물질이 들어가면 이 물질은 그 생물에서 다른 생물로 계속 옮겨가게 됩니다.

화학 물질은 먹이 사슬 과정에서 농축되고, 첫 농도의 수천만 배부터 수십억 배의 농도에 달하게 됩니다.

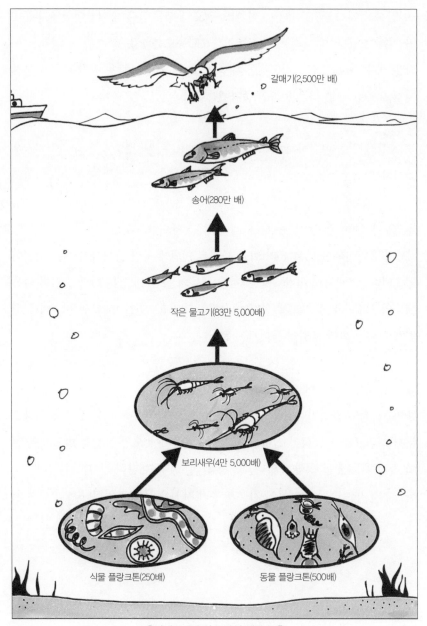

갈매기(2,500만 배)

송어(280만 배)

작은 물고기(83만 5,000배)

보리새우(4만 5,000배)

식물 플랑크톤(250배)   동물 플랑크톤(500배)

온타리오 호수의 PCB의 생물 농축

어떤 호수에서 PCB폴리염화비페닐가 어느 정도로 생물 농축이 이루어졌는지에 대한 기록이 있습니다. 최초의 호수 안 PCB 농도를 1로 할 경우, 플랑크톤 → 작은 새우 → 작은 물고기 → 중·대형 물고기 → 새와 같은 먹이 사슬을 통해서 2,500만 배로 생물 농축이 증가했습니다.

미생물에서 최종 포식자까지 오는 동안 PCB가 고농도로 농축된다는 사실을 명심하세요.

◆ 유기 화학 물질이 생물의 체내에 축적되는 구조

PCB나 다이옥신 같은 유기 화학 물질은 지방에 녹아 들어가기 쉬운 성질이 있습니다. 그래서 먹이가 되어 먹히는 생물의 몸 안에 있는 화학 물질이 다음 생물의 지방으로 옮겨져 축적생물 농축되어 버리지요. 인간이 그 생물을 먹을 때 인체로 유기 화학 물질이 들어가게 됩니다.

◆ '나 하나 정도'에서 '나 하나부터'로

먹이 사슬이 끊기거나 생물 농축이 저농도로 일어난다고 해도 결국 커다란 문제를 일으킬 가능성이 있습니다. '나 하나쯤이야 오염 물질을 방출해도 양이 적기 때문에 큰 영향이 없다.'고 생각하는 것은 대단히 큰 잘못입니다. '나 하나부터'라는 생각과 행동이 지구와 우리 자신을 구할 것입니다.

Q 18 수자원 위기에 대한 근본적인 해결책이 있나요?

우리 생활이 수자원 문제와 크게 연관되어 있다는 사실은 알았습니다. 사실은 저도 '나 하나 정도'라고 생각하고 있었습니다. 그렇지만 지금부터라도 뭔가를 시작해 보려고 합니다.'나 하나부터라는 마음'으로 말입니다. 어떤 것부터 시작해야 할까요? '이것만 신경 쓰면 괜찮아.' 같은 근본적인 해결책이 있을까요?

굉장히 어려운 질문이네요.

'이렇게 하면 반드시 해결할 수 있다.'라는 마법과 같은 해결책은 없지만, '이런 오해를 풀면 해결의 실마리가 잡힐지도 모른다.'와 같은 경우는 있습니다.

◆ 우리는 영양분을 버리고 있다

평소에 우리가 부엌에서 무심코 버리는 것이 얼마나 환경에 악영향을 미칠까요?

다음 표의 '쌀뜨물: 600배'란 것은 쌀뜨물을 1ℓ 버렸을 때 600ℓ 결국 600배의 물로 희석하지 않으면 물고기가 살 수 없다는 것을 뜻합니다. 몇 배의 물로 희석해야 물고기가 살 수 있는 수질이 될까를 나타낸 표이지요. 이 표는 비교적 오염에 강한 잉어나 붕어에 대한 수치입니다. 은어나 숭어 등 깨끗한 물에서만 사는 물고기는 이보다 몇 배나 더 되는 수량의 물이 필요합니다.

그럼 쌀뜨물부터 맥주까지 수치를 살펴본 후 옥수수 수프부터 마요네즈까지 빈 칸을 채워 보세요. 정답은 나중에 알려드릴게요.

쌀뜨물	600 배
커피	1,000 배
라면 국물	5,000 배
된장국	7,000 배
어묵 국물	15,000 배
생과일 주스	15,000 배
우유	15,000 배
맥주	16,000 배
옥수수 수프	배
간장	배
튀김 간장	배
마요네즈	배

음식이 물속에 배출되면 그 영양을 필요로 하는 미생물이 모이게 됩니다. 미생물은 영양분을 먹을 때 산소를 소비하게 되지요. 물속에 영양분이 많아지면 그곳에 많은 미생물이 모여서 대단히 짧은 시간에 산소를 다 사용해 버립니다. 그 결과 어패류가 산소 부족으로 죽게 되지요. 어폐류의 시체 때문에 물속에서 메탄가스나 황화수소 등이 발생합니다. 이 때문에 죽음의 강이나 죽음의 바다가 되는 것이지요.

본래 강은 자정 때문에 하류로 갈수록 수질이 더 좋아집니다. 그러나 현실은 어떤가요? 상류 쪽 수질이 훨씬 깨끗하지요? 대체 이유가 무엇일까요? 우리가 자정 작용의 한계를 넘는 영양을 계속 흘려보내고 있기 때문입니다. 생명을 키우는 영양분을 버리고, 생명을 빼앗는 일을 우리가 하고 있는 셈입니다.

앞 문제의 정답을 살펴볼까요?

옥수수 수프	26,000 배
간장	30,000 배
튀김 간장	200,000 배
마요네즈	240,000 배

엄청나지요? 기업이나 국가에 책임을 미룰 상황이 아니라는 것을 쉽게 알 수 있겠지요?

Q 19 지금 당장, 모두가 나서야 할 일

우리는 생명에 꼭 필요한 영양분을 버리고 생명을 빼앗는 이상한 일을 하고 있군요. 앞으로는 식사할 때 음식물을 남기지 않도록 노력해야겠습니다. 그 외에도 물에 관한 여러 가지 문제의 악순환을 끊어 낼 수 있는 방법을 알려 주세요. 할 수 있는 일이라면 지금 당장 실행하려고 합니다.

가능한 일을 바로 실행한다. 대단히 멋진 자세네요.
온난화와 마찬가지로, 물 문제에 대해서도 구체적인 예를 들어 설명하겠습니다.

◆ 수자원을 지키기 위한 구체적인 대책
첫째, 철저하게 절수하는 자세가 중요합니다.
'물을 쓰지 않을 때는 수도꼭지를 잠근다.', '절수 장치^{수도관에 투입하는 절수용 부품으로 물}

_{의 양이 절반쯤으로 준다.}를 설치한다, '화장실 변기 탱크에 마개를 덮은 병 등을 넣고, 탱크에 모이는 물의 양을 적게 만든다.', '목욕을 한 후 그 물로 세탁, 화장실 청소, 정원에 물을 줄 때 이용한다.', 수돗물로 세차를 하지 않는다.' 등이 있습니다.

둘째, 세제, 비누, 샴푸, 화장품의 사용량을 줄이는 일입니다.

세제를 많이 사용한다고 해서 세탁이 잘되는 것은 아닙니다. 비누도 생분해성이기 때문에 자정 한계를 넘어서 배출되면 오염 물질이 되어 버립니다. 지금도 전 세계 인구의 80%는 비누를 사용하지 않는다는 것을 알아 두세요.

셋째, 수자원의 효율적 활용 및 재사용입니다.

'빗물을 탱크에 모아서 화장실 물이나 세차를 할 때 사용한다.', '쌀뜨물을 나무나 정원에 있는 식물에 준다.' 등을 생각할 수 있습니다.

이러한 일상적인 일들이 많은 사람의 행동으로 연결된다면 수자원은 분명 회복될 것입니다.

제 3 장

산림이 파괴되고 있다

Q 20 산림 파괴란 무엇일까요?

나사(미국 국립 항공 우주국)가 촬영한 지구 사진을 보고 놀란 적이 있습니다. 아프리카 지역이 대부분 갈색으로 찍힌 사진이었지요. 갈색은 산악 지대나 사막을 의미합니다. 원래 사막 지대였다면 문제가 없지만 사막화가 되고 있다고 하니 큰일이 아닐 수 없습니다. 아마존 같은 열대림이 파괴되고 있다고 하고…….

그래서 평소처럼 선생님에게 산림 파괴에 대하여 물어보았습니다.

지구는 '물의 행성'이라고 불립니다. 아마존, 동남아시아, 시베리아 등에 있는 산림 지대는 풍부한 생태계를 계속 키워 왔습니다. 그 산림이 급격하게 감소하고 있습니다. 인공위성에서 찍은 사진을 봐도 예전에는 녹색으로 뒤덮여 있던 부분이 적갈색으로 되어 있는 것을 알 수 있지요.

필리핀이나 중국은 우기(1년 중 비가 많이 오는 시기) 때 대규모 홍수에 시달리고 있는데, 이것은 상류의 산림 지대가 파괴되어 보수력(물을 축적하는 능력)이 없어진 것이 큰 요인입니다.

아마존이나 동남아시아 등 여러 곳에서 산불이 발생하고 있습니다. 이것도 산림 벌채 때문에 부근 일대가 건조화되어서 일어나고 있는 현상입니다.

Q 21 산림에 우리의 미래가 있다

산림이 파괴되면 여러 문제가 발생하겠네요. 선생님 말을 들어 보니 상황이 상당히 심각한 것 같습니다. 만약 최악의 사태가 벌어진다면 어떤 일이 생길까요?

산림 지대가 이대로 계속 줄어든다면 '초록 지구'는 위기에 봉착하고 결국에는 지구 생태계가 붕괴될 것입니다. 산림이 있기 때문에 우리가 이렇게 살아갈 수 있는 것입니다. 산림이 파괴되면 결국에는 인류가 존속할 수 없습니다.

Q 22 산림은 어떤 역할을 할까요?

산림이 하는 일을 구체적으로 알려 주세요.

산림은 크게 5가지 일을 합니다.

(1) 생태계를 키운다

산림 안에는 미생물, 곤충, 새, 크고 작은 여러 동물이 먹이 사슬 안에서 공생하고 있습니다. 이런 생명체들은 산림이 없으면 살아갈 수 없습니다. 또한 산림의 영양분이 강을 건너 바다로 흘러 들어가 연안 지역의 어패류를 키워 줍니다. 바다 생물을 산림이 키우고 있는 것입니다. 산림 없이는 지구 생태계가 생존할 수 없습니다.

(2) 땅을 만든다

낙엽이나 쓰러진 나무를 미생물이 분해하여 만들어지는 부엽토는 영양분이
풍부합니다. 1cm^3, 즉 각설탕 한 개 정도의 땅 안에 미생물, 곤충, 작은 지렁
이 등 10억 개 정도의 생명이 존재하고 있습니다.

이런 의미에서 땅은 살아 있다고 말할 수 있습니다.

(3) 땅을 지킨다

나무 뿌리는 땅을 잡아 주는 역할을 합니다. 산림에는 수많은 나무가 있고,
그 지역 전체의 땅이 비 등으로 유출되는 것을 막아 줍니다.

(4) 물을 지킨다

나무는 언제나 뿌리, 줄기, 잎에 물을 축적하기 때문에 내리는 비가 모두 하
류로 흘러 나가지 않습니다. 이러한 이유에서 '녹색의 댐'이라고 부르는 것이
지요. 만약 산림이 없다면 내리는 비가 그대로 바다로 흘러 버려서 마실 물
등 담수 자원을 확보할 수 없습니다. 또한 산림 파괴가 대규모로 이루어지면
나뭇잎에서 증발한 수분이나 비의 핵이 되는 미립자가 부족해집니다. 산림이
없으면 비도 내리지 않을 것입니다.

(5) 공기를 정화한다

나무는 이산화탄소를 흡수하고 산소를 배출합니다. 산림이 없어지면 당연히
이산화탄소가 늘고 산소가 줄어듭니다.

이산화탄소가 늘어나면 지구 온난화가 일어납니다. 나뭇잎은 이산화탄소와

함께 질소산화물이나 유황산화물을 흡수합니다. 특히 광엽수는 넓은 잎의 표면에 있는 기공으로 질소산화물, 유황산화물 같은 유해 물질을 대량으로 빨아들입니다. 공업 지대나 자동차 도로 주위에 있는 산림은 대기 오염을 정화시켜 주는 역할을 합니다. 이 외에도 산림은 인간의 마음을 치유하고 목조 건축의 재료가 되는 등 사람에게 유용한 역할을 합니다. 산림이 파괴되면 이러한 것들을 모두 잃게 되겠지요.

◆ 카본 뉴트럴이란?

식물은 광합성 작용에 의해 성장하는 과정에서 대기 중에 있는 이산화탄소 중 탄소를 흡수합니다. 따라서 식물을 태워서 발생하는 이산화탄소는 원래 공기 중에 존재하는 탄소를 식물이 흡수한 것이기 때문에, 대기 중에 있는 이산화탄소 총량의 증감에는 영향을 미치지 못합니다. 이것을 '카본 뉴트럴'이라고 합니다. 하지만 그렇기 때문에 태워도 상관없다라는 것은 차원이 다른 이야기입니다. 산림 파괴가 일어나면 탄소 흡수원이 감소하니까요. 그 상태에서 석유 같은 화석 연료를 태운다면 대기 중에 점점 이산화탄소가 축적될 것입니다. 그런 상태인데도 카본 뉴트럴이기 때문에 식물을 태워도 문제없다는 견해는 인간의 오만함이라고 생각합니다.

◆ 카본 오프셋이란?

카본 오프셋이란 인간의 경제 활동이나 생활 등 어떤 장소에서 배출된 이산화탄소 같은 온실가스를 다른 수단으로 흡수하는 것입니다. 조림^{나무를 심거나 씨를 뿌리거나 하는 인위적인 방법으로 숲을 조성하는 일}, 산림 보호, 클린 에너지 사업 등이 있지요. 이것은 이미 발생된 이산화탄소를 다른 방법으로 상쇄하고 이산화탄소 배출을 실질적으로 없어지도록 만들려는 발상입니다. 자신이 배출한 이산화탄소뿐 아니라, 지금까지 축적되어 있는 이산화탄소도 합쳐서 해결한다는 긍정적인 생각과 행동이 더해졌을 때 확실한 카본 오프셋이 실현되겠지요.

◉ 원 포인트 강좌 - 이산화탄소 호흡

산림은 이산화탄소를 흡수하고 산소를 배출하는 산소 공급원입니다. 하지만 수목이 죽지 않고 계속 성장을 하고, 낙엽이 전혀 없는 경우에만 성립하지요.

수목은 잎이 떨어지고 고사도 합니다. 또한, 지진과 태풍 등으로 쓰러지기도 하지요. 건조한 강풍에 의해 자연 발화되서 대규모 산림 화재가 일어나는 경우도 있습니다. 이러한 것들에서 이산화탄소가 발생합니다. 낙엽이나 죽은 나무는 미생물의 활동 때문에 발효하거나 부패해서 이산화탄소를 발생시킨다는 점에 주목하세요.

이와 같이 산림 지대에서는 산소 발생량과 이산화탄소 흡수량이 조화를 이루고 있습니다. 하지만 최근에는 인위적인 대량 벌채나 무질서한 화전주로 산간 지대에서 풀과 나무를 불살라 버리고 그 자리를 파 일구어 농사를 짓는 밭 때문에 이산화탄소의 증가량이 흡수량보다 더 커져 버렸습니다. 여기에 산업이나 수송 시에 발생하는 대량의 이산화탄소가 더해져서 자연에서 흡수할 수 있는 양의 두 배 정도나 많은 이산화탄소가 대기 중에 계속 배출되고 있습니다.

바다 역시 마찬가지입니다. 광합성을 하는 식물성 플랑크톤이나 이산화탄소를 이용해서 성장하는 산호 등의 활동에 의해 바다도 이산화탄소를 흡수하고 있습니다. 최근 바다 오염이나 오존층 파괴 등으로 인해 증가하고 있는 유해 자외선 때문에 플랑크톤이나 산호가 감소하고 있고, 이산화탄소 흡수 능력이 저하되고 있습니다. 지구 이산화탄소의 흡수원인 바다조차 이산화탄소를 흡수하지 못하게 되어 가는 것이지요.

Q 23 산림에는 어떤 종류가 있을까요?

산림은 정말 대단한 일을 하고 있군요. 산림이 있기 때문에 지구상에서 생물이 살아갈 수 있다는 생각이 듭니다. 산림에는 인공림과 원시림이 있다고 하는데 도대체 무엇이 다른 가요?

산림은 크게 인공림과 원시림으로 나눌 수 있습니다. 원시림은 자연림과 천연림으로 나뉘지요. 인공림은 인간이 만든 산림이고, 원시림은 인간이 손을 대지 않은 산림입니다. 원시림에서는 몇 천 년이나 수목과 원주민이 공생하고 있습니다. 이 사람들이 산림을 파괴하냐고요? 물론 약간 손을 대기는 하지만 원주민 자체가 산림 지대의 먹의 사슬 안에 들어 있고 자연과 조화를 이루며 살고 있지요.

◆ 인공림의 특징

(1) 같은 종류의 나무뿐

일반적으로 인공림에는 1ha당 1~2종류의 나무만 심을 수 있습니다. 게다가 소나무, 삼나무, 노송나무 등 침엽수가 대부분입니다.

같은 종류의 나무만 있기 때문에 병충해가 발생하면 눈 깜짝할 사이에 피해가 확산되어 그 일대가 전멸해 버립니다. 또한 인공림은 낙엽이 적어서 땅이 대단히 메마른 상태가 됩니다. 영양분이 대단히 적은 상태이기 때문에 생태계를 키우는 힘이 매우 약하고, 생물이 서식하기 어렵습니다.

(2) 광합성 능력과 공기 정화 힘이 약하다

침엽수는 잎 면적이 작으므로 이산화탄소 흡수, 산소 발생, 오염 물질 정화 능력이 잎이 넓은 광엽수와 비교해서 대단히 약합니다. 또한 잎에 축적할 수 있는 물의 양이 적으므로 보수 능력이 광엽수에 비해 현저히 떨어집니다.

(3) 사람 손을 거치지 않으면 자라지 않는다

인공림은 적당한 시기에 솎아 내지 않으면 인접한 나무들이 서로 영양을 빼앗기 때문에 잘 자라지 못합니다.

인공림의 나무가 자라면서 나뭇잎이 쌓이게 됩니다. 내린 빗물이 나뭇잎 위를 흘러 지면에 도달하지 못하고, 또한 지면에 태양 빛이 도달하지 못해 풀이 자라지 못합니다. 그런 까닭에 땅이 건조해지고 나무가 약해져 버립니다.

이와 같은 식림 지대를 '녹색의 댐'과 비교하여 '녹색의 사막'이라고 부릅니다. 인공림의 지면은 모래땅으로 매끈매끈하거나, 장소에 따라서는 모래도 흘러가 버려서 암반이 노출되어 있는 경우도 있습니다. 이렇게 되면 뿌리가 돌에 찰싹 달라붙어 있는 것처럼 되어서 땅을 붙잡을 수 없게 됩니다. 그 상태로 큰 비가 내리면 토사가 무너지는 일이 발생하고 일대의 산림이 떠내려가 버립니다.

◆ 원시림의 특징

(1) 많은 종류의 수목과 생물이 공생한다

원시림에는 같은 종류의 나무가 1ha에 몇 그루 밖에 존재하지 않습니다.

게다가 그 몇 그루마저 떨어져 있기 때문에 병충해가 발생해도 잘 전염되지 않습니다. 또한 원시림에는 양치류, 풀, 꽃 등이 밀집되어 있습니다.

나무들의 열매나 과실 등도 풍부하고 곤충, 새, 동물이 공생하고 있습니다. 원시림은 생명을 키워 내는 생태계의 요람 역할을 하고 있습니다.

(2) 흙을 만들고 보수 능력이 뛰어나다

원시림에는 낙엽수와 동물이 많기 때문에 낙엽과 동물의 변이나 사체가 미생물에 의해 분해됩니다. 그 결과 영양분이 풍부한 흙이 만들어지고, 그것이 다시 나무의 성장을 돕습니다. 풍부한 흙이나 나뭇잎이 거대한 댐 역할을 하기 때문에 보수력이 뛰어납니다.

(3) 광합성과 공기 정화 능력이 강하다

원시림에는 나뭇잎의 면적이 넓은 광엽수가 많습니다. 잎의 면적이 넓다는 것은 이산화탄소의 흡수력, 산소의 공급력 즉 광합성의 힘이 강하다는 것을 의미합니다. 오염 물질의 정화 능력이 인공림과 비교해서 확실히 뛰어납니다.

(4) 사람이 지나치게 손을 대면 쇠퇴한다

원시림은 인공림과는 달리 사람이 손을 대면 쇠퇴하는 경우가 많습니다. 원주민들도 사람이지만 그들은 이미 원시림의 일부로 그곳 생태계를 구성하기 때문에 원시림 쇠퇴에 영향을 끼치지 않습니다. 그런 의미에서 사람이 지나치게 손을 대면 쇠퇴한다라고 표현하는 것이 맞겠지요.
원시림이 파괴되어 먹이 사슬이 끊어지면 생태계 전체가 붕괴됩니다. 한 번 붕괴된 원시림이 원래 모습으로 되돌아가는 것은 불가능합니다.

◆ 나무는 베는 것이 좋을까, 베지 않는 편이 나을까?

산림 보호를 생각해서 '나무를 베서는 안 된다'라든가, '나무는 베어야만 한다.'는 의견이 있습니다. 그러나 이것은 양자택일의 문제가 아닙니다. 굳이 말해야 한다면 '원시림은 지나치게 베어서는 안 된다.', '인공림은 적절한 시기에 베지 않으면 안 된다.'는 것 정도가 되겠지요. 일단 인간이 원시림에 손을 대어 인공림이 되면, 계속 보살펴야만 합니다. 마지막까지 보살필 수가 없다면 절대로 원시림을 인공림으로 만들어서는 안 됩니다.

Q 24 산림 파괴의 실태를 알고 싶어요

인공림과 원시림의 차이를 들으니 원시림 파괴가 심각한 사태를 일으킨다는 것을 알 수 있습니다. 인공위성에서 보낸 사진을 보면 원시림^{열대림}의 파괴가 진행되고 있는 것 같은데 실제로는 어떤가요?

난개발과 과잉 벌채 때문에 이미 전 세계 원시림 중 80% 가까이가 소실되었습니다. 짙은 녹색으로 보이는 유럽에서는 원시림이 모두 사라졌고 실존하는 것은 모두 인공림입니다. 미국에서도 원시림은 15%만 남았습니다. 전 세계적으로 20년 간 일본 면적의 10배나 되는 산림이 사라졌고, 그동안 반 정도가 사막화되었습니다. 특히 중앙아메리카, 동남아시아, 아프리카, 아마존 같은 열대 지역에서 원시림이 대규모로 파괴되고 있습니다.

아마존에서는 1978년부터 1996년까지 프랑스 면적에 필적하는 50만㎢의 열대림이 소실되었습니다. 이것은 아마존 열대 우림의 12.5%에 해당합니다.

이대로 가다가는 100년 이내에 세계의 원시림이 전멸할 수도 있습니다.

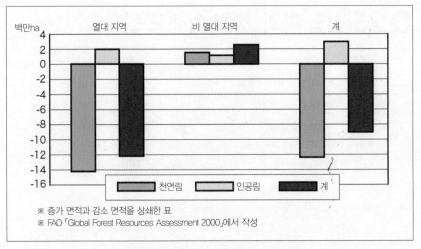

세계 산림 면적의 연도별 증감(1990~2000년)

◆ 산림 벌채에 동반한 표토의 유출

최근 20년 동안 세계에서 인도 전체의 경적지에 해당하는 5,000억 톤의 표토가 유실되었습니다. 열대 지방에서는 비옥한 땅이라고 해도 10cm 정도 두께 밖에 되지 않습니다. 워낙 뜨겁기 때문에 잎이 떨어지거나, 동물이 죽는다고 해도 바로 썩어서 분해되어 버리고 마니까요. 흙이 만들어질 틈이 없는 것이지요. 몇 천 년이 지나서야 겨우 10cm 정도의 흙이 만들어지지만, 산림 벌채 후에 큰 비가 내리면 너무나도 쉽게 유실되어 버립니다.

Q 25 산림 파괴, 정말 이래도 될까요?

원시림이 없어지면 비옥한 흙이 떠내려가서 물을 모아 둘 힘이 없어집니다. 이 때문에 물이 고갈되지요. 또한 이산화탄소를 흡수할 수 없어서 지구 온난화가 진행됩니다. 인간에게 가혹한 시대가 되는 것이지요. 지구 전체의 생명을 유지할 수 없게 되기 때문에, 인간만이 아니라 생물종의 대량 멸종으로 연결됩니다. 표토가 유출되면 비옥한 흙이 없어져서 심각한 식량 위기를 불러일으킬 가능성이 있습니다.

생각해 보면 너무 무서워집니다. 어떻게 해서든 막고 싶습니다. 그러기 위해서는 산림 파괴의 원인을 알고 하나하나 해결해 갈 필요가 있다고 생각합니다.

선생님의 도움을 받아 원인을 찾아보았습니다.

(1) 선진국에 의한 상업적 벌채와 난개발

1960년대 이후 선진국 사람들은 건축용 자재, 종이 등을 만들기 위해 상업적 벌채를 해 왔습니다. 공장 건설, 농지화, 리조트 개발, 상품 작물 재배를 위한 난개발 등에 의해 산림 파괴가 가속화되고 있습니다.

(2) 계획 없이 행해지는 화전 농업

산림 파괴의 또 하나의 원인으로 화전 농업을 들 수 있습니다. 인류는 숲에 정착한 이래 수천 년 동안 전통적인 화전 농업을 해 왔습니다. 어떤 일정한 구획을 태워서 농지로 만들어 몇 년 경작한 후, 이번에는 주변 구획을 태워서 농지로 만들고, 그리고 몇 년 후에 또 그 주변을 태우고……. 다시 원래 태웠던 농지로 돌아왔을 때에는 산림이 재생되어 있다는 것과 같이 계획적으로 말이지요. 그렇지만 오늘날에 와서는 화전이 매우 무계획적으로 행해지고 있습니다. 남미와 동남아시아에서는 소수의 대지주가 토지의 대부분을 독점하고 있고, 가난한 사람은 산림으로 쫓겨나고 있습니다. 쫓겨난 사람들이 살아가기 위해 화전농업을 하고 있지요. 하지만 전통적인 화전 농업 방식이 아니라 계속 산림을 태워 없애 버리는 방식을 사용하고 있습니다.

(3) 목초지를 만들기 위한 선진국의 화전

무계획적인 화전은 선진국에서도 행해지고 있습니다. 예를 들면, 햄버거용 고기를 만들기 위해 아마존이나 중앙아메리카의 열대림을 대규모로 태워 없애고 소의 방목지로 바꾸는 기업들이 있습니다.

열대림을 방목지로 바꾼다고 해도 10년 동안은 땅이 메마르거나 유출되기 때문에 소를 키울 수가 없습니다. 싼 고기를 지속적으로 확보하기 위해 계속해서 열대림을 태워버려야만 하지요.

(4) 새우 양식

타이나 말레이시아 하천의 하구 부근에는 맹그로브 숲이라 불리는 염수에서도 살아갈 수 있는 수목지대가 펼쳐져 있습니다. 이곳에서 대량으로 새우 양식을 하는데 일본에도 많이 수출하고 있습니다.

양식을 수년간 계속하면 해수 중에 있는 영양분이 없어지고, 결국 새우를 채집할 수 없게 됩니다. 그러므로 양식장을 넓히지 않으면 안 되지요. 이런 이유에서 계속해서 맹그로브 숲이 벌채되고 있습니다.

(5) 댐 건설

댐이 건설되는 곳은 대부분 보수 능력이 큰 산림 지대입니다. 그렇지만 인간은 이 자연적 댐인 산림 지대를 무너뜨리고 수몰시켜 거대한 인공 댐을 만듭니다. 게다가 댐의 상류에서 건축재나 종이를 만들기 위해, 대량의 산림을 벌채하고 있습니다. 이 때문에 상류에 내린 비가 드러난 토사를 흘려서 댐으로 흘러가게 합니다. 결국 댐은 대량의 토사로 막혀서 사용할 수 없게 되지요. 또한 원래 산림 지대였던 댐의 물에는 영양분이 많이 포함되어 있기 때문에 짧은 시간 안에 수초가 대량으로 번식하거나 적조가 발생하게 됩니다.

◆ 산림 파괴의 원인은 바로 일본?

일본이 산림 파괴의 큰 원인이라는 것은 유감스럽지만 사실입니다.

일본은 국토의 약 66%가 산림입니다. 이것은 '숲과 호수의 나라'라고 불리는 핀란드의 약 70%에 육박하는 수치입니다. 일본의 산림 지대는 매년 국내의 총 소비량에 상당하는 목재를 생산해 내고 있습니다. 그렇지만 실제로 벌채되고 있는 것은 그중의 3분의 1 정도이며 나머지는 모두 해외에서 수입을 합니다. 일본은 세계 최대 목재 수입국입니다. 일본은 '어떤 지역의 산림을 모두 벌채한 후 재생시키는 방법은 생각하지 않고, 다른 원시림을 벌채한다'는 방법을 써 왔습니다. 이 방법으로 1960년대는 필리핀, 1970년대는 인도네시아의 산림을 대량으로 벌채했지요. 그 후에도 다른 동남아시아의 나라들, 중국, 시베리아 등에서 대량으로 목재를 수입하고 있습니다.

한국은 어디서 보아도 산이 보이는 산이 많은 나라입니다. 산림청에 따르면 우리나라 국토 면적인 약 10,006,000ha 중 총 산림 면적은 6,369,000ha로 국토의 64% 정도가 산림입니다. 면적 대비 산림의 양을 계산해 보면 우리나라는 1ha당 125.6㎥ 정도의 산림을 가지고 있으며, 이것은 OECD 평균 121.4㎥보다는 높지만 독일 315.3m³, 일본 170.9㎥에 비해서는 낮습니다.

우리가 매일 사용하는 책상, 의자, 옷장과 같은 가구는 우리나라 목재로 만든 것일까요? 아닙니다. 우리나라는 사용하는 목재 중 약 80%를 중국, 베트남, 뉴질랜드 등에서 수입하고 있습니다. 우리나라는 국토 면적에 비해 산림 면적이 작지는 않습니다. 하지만 목재로 사용할 정도로 큰 나무가 부족하고, 또 목재를 만들 수 있는 전문 시설과 사람이 부족하기 때문에 많은 양의 목재를 수입하고 있습니다.

Q 26 우리가 할 수 있는 일은 무엇인가요?

한국과 일본이 산림 파괴의 큰 원인이라니 대단히 충격적입니다. 지금부터라도 열심히 산림 보호에 힘을 쓰는 것이 우리들의 책임이겠지요. 산림 파괴를 방지하고, 산림을 재생하기 위해 필요한 일은 무엇인가요?

산림은 이미 회복할 수 없을 정도로 파괴되어 있습니다. 이 원인은 산업화된 나라의 대량 소비에 있습니다. 이대로 가면 산림은 전멸하고, 지구의 생명 유지 장치는 파탄이 나게 됩니다. 특히 한국과 일본은 목재 소비를 줄이지 않으면 안 됩니다. 그러기 위해서는 수입 목재 가격을 대폭으로 올리는 과정이 필요하지 않을까요?

벌채한 산림의 재생과 현지 사람이 경제적으로 독립할 수 있을 정도로 보수를 지불하는 것을 의무화한다면 가격을 올리지 않을 수 없습니다. 그렇다면 국산재가 싸져서 임업이 부활할 수 있다고 생각합니다. 일본에는 모든 수요를 공급해 낼 수 있는 산림 자원이 있기 때문에 진심으로 노력해야 합니다.

또한 목재 제품을 팔지도 사지도 않는다, 만들지도 않는다, 버리지 않는다, 재활용^{재사용}한다는 것도 중요합니다. 댐의 신축을 줄여서 국내 수요는 국산 목재로 조달한다, 계획적으로 산림의 식림을 행하고, 성장량 이상으로 벌채하지 않는다, 원시림의 벌채를 금지한다 등이 필요하겠지요.

이 외에도 과잉 포장을 하지 않는다, 종이 쇼핑백 대신에 장바구니를 사용한다, 종이컵 등 일회용 물건의 사용을 줄인다, 조금 비싸더라도 재생품을 산다, 식림·간벌·예초 같은 산림 보전 활동에 참가한다 등 우리가 산림 보호를 위해 할 수 있는 일은 많이 있습니다.

가장 중요한 것은 스스로 가능한 일을 발견하고 실행하는 것입니다. 또한 많은 사람에게 사실을 전하는 것도 중요합니다. 자신의 실천을 주변에 전해 보세요.

◆ 산림 인증 제도에 대해서

1993년부터 '관리가 철저한 산림에서 생산된 목재를 사용하세요.'라는 요구에 맞춰서, FSC^{국제산림관리협의회}에 의한 '산림인증제도'가 행해지고 있습니다.

산림인증제도란 적정하게 관리되고 있는 산림을 인증하고, 그 인증림에서 생산된 목재나 그 목재로

FSC 마크

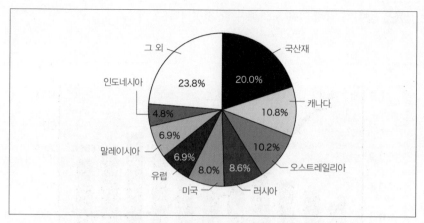

그 외
인도네시아
국산재
23.8%
20.0%
캐나다
4.8%
10.8%
6.9%
말레이시아
6.9%
10.2%
유럽
8.0%
8.6%
오스트레일리아
미국
러시아

일본의 2005년 국산재와 수입재 산지별 비율

만들어진 제품에 'FSC 마크'를 붙여서 폭넓게 유통하도록 하는 제도입니다. FSC 마크 제품을 선택하는 것으로, 산림을 파괴해서 생산된 목재로 만든 제품의 사용을 피하고 세계 산림 보전에 공헌할 수 있습니다.

◆ 희망으로 연결되는 변화

최근에 많은 일본 사람이 지금까지의 일을 반성하고 있습니다. 세계의 산림을 지키고, 사막이나 산림의 벌채지에 나무를 심고, 중국과 아프리카에 자원봉사로 나무를 심는 일을 하고 있지요. 또한 국내에서는 '국산 자재로 만든 집에서 살자!'라는 운동이 일어나고 있습니다. 가격이 비싸더라도 국산 목재를 사용하면 열대림의 파괴를 멈출 수 있고, 일본 임업의 진흥에도 도움이 되기 때문입니다.

최근 그 효과가 나타나고 있습니다.

국내 목재 총 소비량 중 국산재의 비율을 보여 주는 2005년 목재 자급률이 1998년 이후 계속해서 20%를 유지했습니다. 여기서 만족하지 말고 목재 자급률을 높이기 위해 더욱 노력해야 할 것입니다.

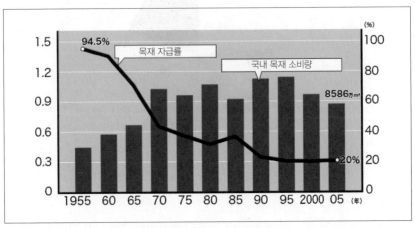

일본의 목재 자급률과 국내 소비량

한국의 목재 자급률은 2012년 16.2%, 2013년 17.4%, 2014년 16.7%로 20%가 채 되지 못합니다. 우리가 사용하는 목재의 80% 이상을 수입하여 사용하는 것이지요.

우리나라는 국토의 64%가 산림으로 전 세계적으로 보았을 때 산림이 풍부한 나라에 속합니다. 이렇게 산림이 풍부한 우리나라에서 왜 목재의 대부분을 수입할까요?

우리나라는 일제 강점기 시기와 6·25 전쟁을 거치면서 많은 산림이 훼손되었기 때문에 목재로 사용할 수 있을 만큼 충분한 나무가 없었습니다. 이로 인해 국내 목재 생산과 관련한 산업이 많이 발전하지 못했지요. 하지만 1960~1970년대에 우리나라의 산림을 회복하기 위하여 많은 나무를 심

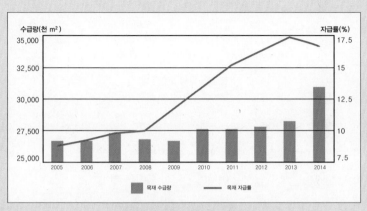

한국의 목재 수급(원목 포함) 실적

고 가꾸었습니다. 그 결과 2009년 3,000,000㎥를 넘어선 국내 목재 생산량이 2011년 4,000,000㎥, 2014년 5,000,000㎥을 넘어섰습니다. 2009년 11.9%였던 목재자급률은 2014년에는 16.7%까지 향상되지요. 그동안의 노력이 조금씩 결실을 맺고 있지만 아직도 많이 부족한 상황입니다. 우리나라 산림을 위한 꾸준한 관심과 노력이 필요합니다.

우리나라가 수입하는 목재는 크게 원목, 제재목, 파티클보드, 그 외 기타 목재 및 합판으로 구분되며, 뉴질랜드, 러시아, 인도네시아, 타이 등 다양한 나라에서 많은 양의 목재를 수입하고 있습니다.

수입 목재	주요 수입 국가
원목	뉴질랜드, 미국, 캐나다, 파푸아뉴기니, 오스트레일리아
제재목	러시아, 캐나다

파티클보드	타이
기타 목재 및 합판	인도네시아, 말레이시아

한국의 목재 수입 상황

전 세계적으로 1990~2000년에는 매년 약 8,327,000ha$^{0.20\%}$의 산림이 감소하였으며, 2000~2010년에는 매년 5,211,000ha$^{0.13\%}$의 산림 면적이 감소하였습니다. 엄청난 면적의 산림이 줄어든 것이지요.

이 중 산림이 크게 줄어든 나라는 브라질, 인도네시아, 수단, 미얀마 등이며, 특히 '지구의 허파'라고 불리는 브라질과 인도네시아의 열대 우림은 심각하게 걱정될 만큼 많이 줄어들었습니다. 지구의 허파로 불리는 열대 우림은 지구의 거대한 생태계에 매우 중요한 역할을 합니다. 산소를 배출하고 이산화탄소를 흡수하는 나무가 많이 사라진다면 지구 온난화가 더 빨리 진행될 것입니다.

우리나라는 인도네시아에서 많은 양의 목재를 수입하고 있습니다. 열대 우림 파괴에 책임을 함께 져야 한다는 뜻이지요. 최근 들어 가까운 중국의 사막화를 막기 위하여 여러 시민단체와 기업이 앞장서 중국에 나무 심기 운동을 벌이기도 하였습니다. 이것은 희망적인 변화이지만 이것으로는 충분하지는 않습니다. 우리나라의 목재 자급률을 높이고 목재 소비를 줄여야 하며, 지구의 큰 허파와 작은 허파들을 보호하기 위해 노력해야 합니다.

제 II 부

환경 문제는 왜
해결되지 않을까?

지금까지 환경 문제에 관해 조사를 하면서 많은 사실을 알 수 있었습니다.

이미 대단히 심각한 상황에 처해 있다는 것, 그 원인은 우리 인간에게 있다는 것, 지금 바로 행동을 취할 필요가 있다는 것 등을 확실히 알게 되었습니다.

환경 문제는 어른이 해결할 문제라고 생각했는데, 앞으로 어른이 될 우리도 문제 의식을 갖고 노력해야 한다는 사실도 알았습니다. 그렇지만 무엇부터 시작해야 할지 잘 모르겠어요. 무엇보다 사람들의 생활 방식이 변해야 한다고 생각하는데 중학생인 저는 아직 경험이 부족하고……. 그래서 다시 타테야마 선생님에게 도움을 받아 리포트를 계속 작성하기로 했습니다.

제 1 장

환경 문제를 어떻게
받아들이면 좋을까?

Q 27   환경 실천을 할 때 꼭 알아야 할 것이 있나요?

최근 환경 문제에 대한 이야기가 텔레비전이나 책으로 많이 나오고 있습니다. 하지만 너무나 많은 의견이 있어서 어떤 것이 맞는 말인지 알 수가 없습니다.

텔레비전에 나온 전문가가 이야기를 하면 그때는 '역시!'라는 생각이 들다가, 다른 선생님이 정반대의 설명을 하면 그것도 '맞아!'라는 생각을 하게 됩니다. 저처럼 지식이 별로 없는 사람은 무엇이 사실인지 도무지 알 수가 없습니다.

환경 문제를 배우거나 환경을 실천할 때에 알아 두어야 할 점이 있으면 가르쳐 주세요.

◆ 연관성을 의식한다

환경 문제의 특징은 지구 온난화나 오존층 파괴 등 모든 것이 연결되어 있으며, 각각 단독으로 존재하지 않는다'는 점입니다. 모두가 연결되어 있습니다. 그 때문에 환경 문제는 생태계 붕괴를 지나 반드시 인류에게 악영향을 끼칩니다. 예를 들면 '온난화 → 산림 파괴 → 토사 유실 → 사막화 → 생물 멸종 → 식량 위기 → 기아, 오존층 파괴 → 생물 멸종 → 식량 위기 → 기아'가 반복되다가 결국 인류 멸망이라는 재앙을 초래할 것입니다.

환경 문제가 모두 연결되어 있다는 것은 '한 가지가 나빠지면 전부 나빠지고, 하나가 좋아지면 모두 좋아진다.'는 것을 의미합니다. 그런데 확실히 한 가지가 나빠지면 전부 나빠지지만, 아쉽게도 한 가지가 좋아지면 모두 좋아지지는 않습니다. 멸종된 생물은 부활하지 않으니까요. 하지만 좋아지는 것도 많기 때문에 포기하지 말고 하나씩 좋아지도록 하는 것이 중요합니다.

환경 활동에서 중요한 것은 실천과 지속입니다. 효과가 빨리 나타나지 않더라도 즐겁게 계속해 나갈 수 있는 그런 활동을 선택하세요. 열심히 하면 하는 만큼, 자신감이 생겨, 다른 사람의 행동에 휘둘리지 않게 됩니다. 연관성을 의식하고 각각의 활동을 인정하며 서로 같이 해 나가면 멋진 상호 효과가 발휘될 거예요.

Q 28 이해하는 것만으로는 충분하지 않아요

지금까지 환경 문제에 대해서 배웠더니 꼭 해결해야만 한다는 의욕이 샘솟네요.

이대로 아무것도 하지 않으면, 지금까지 이야기해 왔던 최악의 시나리오가 현실이 되어 버릴 것 같습니다. 최악의 상황을 피하려면 우리들은 어떻게 생각하고, 어떻게 행동하면 좋을까요?

지구 환경 문제에 대해서는 아직 밝혀지지 않은 것이 많습니다. 뛰어난 과학자조차 명확한 답을 내어 줄 수 없는 경우가 있지요. 너무 범위가 넓고 상호 관계가 복잡해서 과학만으로 해결할 수 없는 것도 있습니다. 물론 지구 환경 문제의 구조에 대해서는 자연 과학의 성과 없이 이해할 수 있는 것은 없습니다. 몇몇 환경 문제는 자연 과학의 진화와 발전을 통해서만 해결될 것입니다.

그러나 우리들은 과학의 진화 발전을 잠자코 보고만 있어서는 안 됩니다. 과학으로 설명되든 되지 않든 최악의 시나리오를 피하기 위한 실천을 계속해야만 합니다. 앞으로도 많은 과학자가 여러 가설을 발표하겠지만, 만약 그것이 틀렸다면 어떤 위험이 발생할까를 검토하고, 보다 커지게 될 위험을 막을 수 있는 행동을 할 필요가 있다고 생각합니다. 이것을 '예방 원칙'이라고 합니다.

저는 가설이 틀린 경우, 조금 더 악영향이 많이 생기는 쪽을 피하는 행동을 선택합니다. 예를 들면 '온난화가 일어나고 있다.'와 '온난화는 일어나지 않는다.'는 두 가지의 가설이 있는 경우, 온난화가 일어나고 있다는 가설을 선택하고, 그것을 막기 위해 행동합니다. '온난화가 일어나지 않는다.'는 가설이 틀렸다면, 회복이 되지 않기 때문입니다.

◆ '만약 모두가 그렇게 한다면?' 이라고 생각해 본다

> **우리들은 늘 스스로에게 묻지 않으면 안 됩니다.**
> **만약 모두가 그렇게 하면 어떻게 될까?**

이것은 사르트르가 한 말이지만, 환경 문제에도 적용할 수 있습니다.

만약 모두가,

자동차를 타면?
쓰레기를 버리면?
음식물을 남기면?
에어컨을 사용하면?
무기를 가지면?
토지를 소유하면?

나 하나쯤은 괜찮다고 생각하면?

나만 좋으면 된다고 생각하면?

환경보다 경제가 우선이라고 생각하면?

틀림없이 지구 환경 문제가 심각해지겠지요.

그렇다면, 만약 모두가

걸어다니면?

쓰레기를 줍는다면?

물건을 소중히 여긴다면?

자연을 중요하게 생각하면?

나 하나부터 시작해야한다고 생각하면?

모두의 행복을 원한다면?

경제보다 환경이 우선이라고 생각하면?

지구 환경이 개선되지 않을까요?

어떤 것을 시작하기 전에 '만약 모두가 이렇게 하면 어떻게 될까?', '만약 모두가 하지 않으면 어떻게 될까?'라고 생각해 보세요. 깨닫지 못했던 중요한 사실을 보게 될 것입니다.

◆ 긍정적으로 생각한다

환경 문제를 알면 알수록 불안해지고 무서워지고 부정적인 감정이 생기는 경우가 있습니다. 경우에 따라서는 공포심도 생깁니다.

부정적인 감정을 가지고 있으면서 환경 활동을 계속한다는 것은 대단히 어렵습니다. 즐겁게 활동을 해야만 오랫동안 환경 활동을 지속할 수 있습니다.

환경 문제의 현실을 알고 '이대로는 미래가 위험하다.'라고 이해하는 것은 대단히 중요한 일입니다. 최악의 시나리오를 아는 이상 무엇인가를 해야겠지요. 현재의 현상을 판단 근거로 삼아서 미래에는 이렇게 멋진 지구가 된다는 상상을 하며 활동을 해 보는 것은 어떨까요.

옛말에 '상상한 것은 실현된다.'고 했습니다. 그렇다면 '최악의 시나리오'보다 '최고의 시나리오'를 상상하고 행동하는 것은 어떨까요? 가능하면 친구들과 함께 미래의 지구에 대해서 서로 이야기를 나누고, 최고의 비전을 만들어 보세요. 그 후에는 신나는 환경 활동을 할 수 있을 것입니다.

Q 29 자원 재활용에 대해서 가르쳐 주세요

초등학교 때 '환경을 지키기 위해 재활용을 하자.'라고 하면서 우유팩이나 빈 병 등을 버리지 않았습니다. 그런데 최근 '재활용은 환경에 좋지 않다.'고 가르치거나, '재활용을 해서는 안 된다.'라고 이야기하는 경우가 있습니다.

이런 말을 듣고 저는 재활용에 대한 열의가 식어 버렸습니다. 과연 재활용은 필요한 것일까요?

최근에는 '재활용은 무의미하다.'라든가 '재활용을 해서는 안 된다.'라고 주장하는 사람도 있고, 전문가 사이에서도 논쟁이 일어나고 있습니다. 사람마다 재활용에 대한 생각이 달라서 이와 같은 일이 생기는 듯합니다.

여기에 한 가지 방법이 있습니다. 전문가의 맹점을 찾아내는 것이지요. 전문가란 문자 그대로 '어떤 것을 전문적으로 연구하는 사람'입니다. 전문가이기 때문에 자신이 알고 있는 지식만을 굳게 믿어 버리는 경우가 있습니다. 또한 한 분야 이외에는 알지 못하는 경우도 있지요. 환경 문제는 여러 분야와 관련되어 있기 때문에, 오히려 특정한 전문가에게 너무 의지를 하면 나무는 보고 숲은 보지 못할 수도 있습니다. 재활용에 관한 전문가의 맹점은 재활용의 의의를 너무 좁게 보고 있다는 점입니다.

재활용의 의미에 대해 다시 생각해 봅시다.

우리는 대량 생산, 대량 수송, 대량 소비, 대량 폐기라는 사회 시스템 속에서 살고 있습니다. 그 결과 지구 전체가 대량의 폐기물로 뒤덮이고 말았지요. 그래서 뜻이 있는 사람들이 모여서 '쓰레기를 줄이자', '재활용을 하자'라는 운동을 전개하였습니다. 하지만 '재활용 사회의 구축'은 최종 목적이 아닙니다.

재활용이라는 것은 원래 순환 과정에서 순환하고 있는 것을 일단 밖으로 빼내서, 다시 원래의 순환 과정으로 되돌아간다는 의미입니다.

독일이나 북유럽 등에서는 '재활용할 필요가 있는 물건은 무턱대고 만들거나 사용해서는 안 된다.'는 것이 상식이 되어 있습니다. 그러나 재활용할 필요가 있는 물건만 넘쳐나는 현실에서는 이 이야기가 탁상공론이 되어버리기 일쑤이지요.

재활용 사회 구축을 가까운 미래의 목표로 삼는 것은 분명 올바른 방법이 아닙니다. 진정한 '지속 가능한 사회'를 달성하기 위해서는 '재활용 사회의 구축'이라는 것보다, 어디까지나 '순환 사회의 부활'을 목표로 할 필요가 있습니다. 결국 재활용은 순환에서 떨어져 나온 것이기 때문에 본래의 순환으로 회복할 수 있겠지요. 여기에서 지속 가능한 사회란 '인간도 생태계도 순환하면서 계속 성장해 나갈 수 있는 사회'입니다.

◆ 세 가지 리사이클

크게 세 종류의 리사이클이 있습니다.

(1) 1R ^{재활용}

이것은 가장 좁은 의미의 리사이클입니다.

유리 용기의 카렛트화, 패트병의 펠렛트화, 종이 제품의 제지 원료화 등 일단 사용한 물건을 다시 자원으로 활용하는 것을 말합니다.

(2) 3R ^{줄이기, 재사용, 재자원화}

3R이란 세 가지의 R, 즉 ① Reduce^{줄이기}, ② Reuse^{재사용}, ③ Recycle^{재자원화}을 말합니다. 3R이 현재의 일본에서 가장 많이 보급되어 있는 리사이클에 대한 생각입니다.

(3) 4R^{줄이기, 재사용, 재자원화, 거절}

4R이란 3R에 앞서 Refuse^{거절하기}하는 것이 중요하다는 생각입니다.

이것은 나온 쓰레기를 어떻게 처리하는지가 아니라, 쓰레기가 나오지 않도록 하려면 발생원을 없애야 한다는 생각입니다.

4R은 최근 유럽에서는 일상화되어 있고, 한국과 일본에서도 녹색소비자를 중심으로 늘어나고 있습니다.

재활용은 '재활용을 할 것인가 하지 않을 것인가?'라는 양자택일의 문제가 아닙니다. '재활용을 해서는 안 된다.'고 주장하는 사람은 대부분 1R인 재자원화를 재활용이라고 생각하고 있는 듯합니다. 이 경우에는 확실히 재활용을 하면 할수록 자원과 에너지를 많이 소비하기 때문에 '재활용을 해서는 안 된다.'는 입장을 펴는 것이 당연하겠지요.

그런데 1R의 경우를 상상하고 있는 사람이 3R 혹은 4R을 실천하는 사람들을 향해서 '재활용해서는 안 된다.'라고 주장을 하면 어떻게 될까요?

'어째서 쓰레기를 감량해서는 안 되는 것일까?', '어째서 재사용해서는 안 되는 것일까?', '어째서 쓰레기가 되는 것을 거절해서는 안 되는 것일까?'

1R을 주장하는 사람 중에는 학자와 기업의 기술자가 많습니다. "3R이나 4R은 쓰레기 감량 3원칙으로, 재활용이라고 말할 수 없다."라고 말하는 사람도 있습니다. 그러나 그 사람도 "재활용 가게에서 옷을 샀다."라고 말합니다. 재활용 가게는 실제로는 재사용(reuse)이지요.

저는 재활용에 대해 이렇게 생각합니다.

- 대량 생산, 대량 폐기를 전제로 한 재자원화·재사용은 자원과 에너지 고갈로 연결되기 때문에 피해야만 한다.
- 총량(에너지와 자원의 소비량과 폐기 물량)의 삭감을 최우선으로 하고 있는 것이라면, 재자원화·재사용도 실시할 가치가 있다.

Reduce^{줄이기}, Reuse^{재사용}, Recycle^{재자원화}, Refuse^{거절하기}라는 4R 운동은 영국의 '그린코프'라는 단체에서 시작한 것으로, 우리나라에서도 생활 속에서 4R을 실천하려는 노력이 이루어지고 있습니다.

	생활 속에서 실천하는 4R
Reduce (줄이기)	-과도한 포장 제품 소비하지 않기 -리필 제품 사용하기 -필요한 만큼만 구입하기 (1+1 행사로 인해 불필요한 것 구입하지 않기) -음식물 쓰레기 줄이기
Reuse (재사용하기)	-1회용 비닐 봉투 대신 장바구니를 이용하는 것처럼 일회용품을 재사용 가능한 제품으로 바꾸어 사용하기 -사용한 유리병은 깨끗이 씻어 다시 사용하며, 작아진 옷이나 헌 책 등은 깨끗하게 손질하여 필요한 사람이 사용할 수 있도록 기부하기 -새 제품을 사기보다는 부품을 교환하여 계속 사용하기 -벼룩 시장 이용하기
Recycle (재자원화하기)	-재생용품 사용하기(재생용지로 만든 공책이나 책 등) -분리 배출 기준에 따라 정확히 분리 배출하기
Refuse (거절하기)	-불필요한 무료 증정품이나 샘플 받지 않기 -종이 고지서를 이메일 고지서로 변경하기 -회원 가입 시 광고 우편물은 받지 않음으로 체크하기

최근에는 4R에 이어 업순환링^{Up-cycling}이 우리나라를 비롯하여 전 세계적으로 주목을 받고 있습니다. 업순환링은 다른 차원의 리사이클로 재활용품에 새로운 가치와 활용도, 디자인 등을 더해 기존과 전혀 다른 제품을 생산하여 사용하는 것을 말합니다. 예를 들어 버려진 현수막이나 낡은 청바지로 멋진 가방을 만들어 사용하거나, 재활용 박스로 휴대용 소파를 만들어 사용하는 것이지요.

| 현수막으로 만든 가방 | 장화로 만든 화분 | 책을 이용한 선반 |

업사이클링 제품

Q 30 쓰레기를 태워도 되나요?

이 질문도 제 머릿속을 혼란스럽게 합니다. 얼마 전까지는 쓰레기는 "태우면 안 된다."라고 하더니 최근에는 "쓰레기는 태우는 것이 좋다." 라는 의견이 많아졌습니다.

저의 동네에서도 최근 태우는 쓰레기라는 이름으로 쓰레기를 회수하고 있습니다. 실제로 소각로에서 태우는 것 같습니다.

고성능 소각로이기 때문에 환경에 아무런 문제도 끼치지 않는다고 하는데 저는 잘 이해가 되지 않습니다. 정말로 쓰레기는 태우는 것이 나은가요?

◆ 쓰레기를 태우면 쓰레기가 늘어난다

폐기물이나 쓰레기 감량 정책의 하나로 태우는 처리 방법이 있습니다. 과학적으로 보면 조금 이상합니다. 물건을 태운다는 것은 마법처럼 존재 그 자체를 없애는 것이 아닙니다. 탄소는 이산화탄소로, 수소는 물로, 유황은 유황산화물^{이산화유황 등}로, 질소는 질소산화물^{이산화질소 등}로, 금속은 금속산화물로 바뀌는 것뿐입니다.

과학적^{화학적}으로 말하면 반드시 물체를 태우면 산소의 양만큼 총질량이 늘어납니다. 눈으로 볼 수 있는 물질에서 눈에 보이지 않는 분자상 물질로 변화한 것이므로 감량이 된다고 착각을 하는 것이지요. 반복해 말하지만 물체를 태우면 질량이 늘어납니다. 보이지 않는 상태가 되기 때문에 감량이 되는 것은 아닙니다. 어째서 사람들은 이런 당연한 사실을 무시하고 있는 것일까요? 그 이유는 폐기물 처리법에 '폐기물은 고형 상태 또는 액상의 물질'이라고 정의되어 있기 때문입니다. 이산화탄소는 법률상으로는 폐기물이 아니기 때문에, 물질을 태우면 어디까지나 법률상의 폐기물은 줄어드는 것이지요. 이것은 어디까지나 속임수입니다. 법률상의 폐기물이 줄어드는 대신 온실가스인 이산화탄소가 늘어나는 모순이 생깁니다. 일부 학자들은 폐기물의 비용을 고려하면 태우는 것이 가장 좋다고 이야기합니다. 하지만 비용이 싼 것은 태울 때 나오는 이산화탄소가 폐기물 처리법 상 폐기물이 아니기 때문입니다. 폐기물이 아니므로 처리하는 데 돈이 들지 않지요.

만약 폐기물의 정의에 기체가 추가된다면 명백하게 이산화탄소는 폐기물이 됩니다. 이산화탄소의 배출량에 맞춰 탄소세^{환경세}를 부과하자는 움직임에 대해서 경제인 단체들이 맹렬하게 반대하고 있습니다. 그렇게 하면 비용이 늘어나서 경쟁력이 저하된다는 주장이지요. 태우는 것이 가장 비용이 적게 드는데 어째서 탄소세를 반대하는 것일까요? 이상한 일입니다.

앞으로는 유럽의 일부에서 시행하고 있듯이 산화물 등 보이지 않는 물질을 '분자 쓰레기^{기체상 폐기물}'로 취급할 필요가 있습니다. 미래 세대에게 부끄럽지 않도록, 법률상이 아닌 '본래 의미로 감량'을 꾀할 필요가 있지 않을까요?

'나오는 것을 어떻게 처리할까?'에서 '나오지 않도록 하려면 어떻게 해야 할까?'라는 발상 전환도 필요합니다.

Q 31 지구의 미래는 우리의 미래다

최악의 시나리오가 현실이 되지 않기 위해 어떻게 하면 좋을까에 대하여 선생님에게 많이 배웠습니다. 당장 전부는 아니더라도 조금씩 더 깊이 있게 환경 실천을 해야겠다고 생각했습니다. 하지만 생각만으로는 아무것도 할 수 없습니다. 실천이 필요할 뿐!

전부 이해할 때까지 아무것도 하지 않는 것이 아니라, 지금 할 수 있는 것은 지금 해야겠다고 생각합니다.

선생님 우리들은 도대체 무엇을 하면 될까요?

실천하지 않으면 어떤 문제도 해결할 수 없습니다. 한 사람의 실천이 쌓여서 빛나는 미래를 만드는 것입니다.

◆ 모두가 각자의 역할을 다한다

이 사회는 연령, 직업, 사상이 다른 다양한 사람들의 집합체입니다. 이들 모두는 각각 최우선으로 삼아야 하는 역할이 있습니다. 국가에는 국가의, 시민에게는 시민의 역할이 있습니다.

★ 기업의 역할-지구에게 좋은 회사가 된다

최근에 '서스테이너블 컴퍼니'라는 회사가 각광을 받고 있습니다.

서스테이너블 컴퍼니란 ①경제적으로 확실하게 이익을 낸다^{경영 공헌}, ②환경에 대해서 배려하고^{환경 공헌}, ③사회에 공헌^{사회 공헌}하는 회사입니다. 구체적으로는 ①지구상의 모든 생태계 및 사회의 지속성을 확보하기 위해 ②순환의 시점으로 ③자원량, 폐기 장소, 자정 능력이라는 지구의 유한성을 고려하고 ④기업

수익과 환경 보전을 양립시키면서 ⑤자기 회사의 지속성을 확보하기 위한 경영을 행하는 것입니다. 이런 회사가 진정 지구에 좋은 회사가 아닐까요?

★ 녹색소비자의 역할 −지구에게 좋은 사람이 되자

지구에게 좋은 사람이란 '지구에 대하여 환경 오염과 이기주의를 만연시켜서 부끄럽다고 고민하는 사람'이라고 정의하고 싶습니다.

대표적인 지구에게 좋은 사람은 '녹색소비자'겠지요. 녹색 소비자는 '환경을 생각해서 물건을 사는 소비자'라는 의미입니다. 녹색소비자의 역할에 대해 조금 더 구체적으로 정의하고 있습니다.

① 환경에 나쁜 물건은 값이 싸도 사지 않고, 사용하지 않고, 주지 않는 지구인

② 환경에 좋은 물건은 비싸도 필요한 만큼 사고, 오래 사용하고, 버리지 않는 지구인

③ 경제 확대^{금전적 욕망}보다 생명^{환경}을 중요하게 생각하는 지구인

④ 물질적 풍요로움보다 마음의 풍요를 원하는 지구인

⑤ 4R을 실천하는 지구인

녹색소비자는 특히 Refuse^{거절한다}를 실천하는 것이 중요합니다. 구체적으로는 포장지, 우유팩, 페트병, 비닐봉지 등이 필요할 때 "필요 없습니다."라고 거절하는 것입니다. 이것은 나오는 쓰레기를 어떻게 처리하는가가 아니라 쓰레기가 나오지 않도록 하려면 발생원을 없애야 한다는 발상입니다. 만족을 아는 사람도 지구에 좋은 사람입니다.

〈국가〉

국가는 지구 온난화와 관련하여 나라의 전체적인 비전과 방향을 정하고 이를 실천할 수 있는 정책과 방법을 제시해야 합니다. 물론 나라의 전체적인 비전과 방향은 지구 온난화를 막고 우리나라뿐만 아니라 세계의 모든 사람과 생물이 자유롭고 행복하게 살 수 있는 것이겠지요. 우리나라의 경우, 대통령이 바뀌거나 정책 담당자가 바뀌면 기존과 다른 새로운 방향과 정책이 제시되기도 합니다. 물론 기존의 국가 방향과 정책에 변화가 필요하다면 그렇게 해야 하겠지만, 꼭 그럴 필요가 없다면 기존 방향과 정책의 효과가 나타날 때까지 꾸준히 실천하는 것이 중요합니다. 먼 미래를 바라보고 꾸준히 실천할 수 있는 방향과 정책을 만드는 것이 정치인과 국가의 책임이자 의무입니다.

지구 온난화를 줄이기 위해서는 지금과 같이 석유, 석탄, 원자력에서 에너지를 생산하고 사용하기보다는 태양열, 태양광, 풍력, 조력, 바이오가스 등 환경에 대한 피해가 적으며 지속 가능한 에너지를 생산하고 이를 효율적으로 사용하는 것이 필요합니다. 최근에는 태양광 전지판을 설치하여 에너지를 생산하는 가정이 소수 있지만, 개인의 에너지 생산량은 매우 적으며, 에너지 생산을 개인이나 기업에게 맡길 수는 없습니다. 국가 차원에서 미래 세대와 지구의 미래를 위해 에너지를 어떻게 생산하고 사용할지 고민하고 결정하고 실천해야 합니다.

국가는 국민으로 구성됩니다. 따라서 국가는 국민이 지구 온난화의 위험을 깨닫고, 화석 연료에 의존한 삶의 방식에서 벗어나 친환경적이고 지속 가능한 삶을 적극적이고 즐겁게 살아갈 수 있는 기회를 마련해야 합니다. 서울시의 '에코마일리지 제도'와 '탄소포인트 제도'는 사람들이 자신의 삶 속에서 자연스럽게 탄소 배출을 인식하고, 탄소를 줄여 얻은 마일리지를 일상생활에서 사용할 수 있도록 한 좋은 사례라고 할 수 있습니다. 또 자동차를 공유하고, 책과 옷을 공유하는 공유 경제 역시 소유와 사용의 개념에 대해 다시 한 번 생각하게 하고, 소비를 줄이도록 유도하는 매우 좋은 방법이라고 생각합니다.

〈기업〉

오늘날 환경 문제, 지구 온난화, 우리의 소비에 대한 걱정의 목소리가 높은 것은 이것을 바꾸지 않으면 우리의 삶이 지속 가능하지 않기 때문입니다. 다시 말해 생산과 소비라는 삶의 방식을 바꾸지 않으면, 우리 미래는 매우 어려워질 수 밖에 없습니다. 어쩌면 미래가 있다고 말하기 어려울 수도 있지요. 그래서 '지속 가능성'과 '지속 가능한 발전'이 중요하며 전 지구적으로 논의되는 것이지요.

지속 가능성은 기업 경영에도 적용되며, 최근 기업에 '지속 가능 경영'을 요구하는 목소리가 높습니다. 지속 가능한 경영이란 기업이 기존의 경제적인 수익만을 중요하게 생각하고 추구했던 경영 방식에서, 경제적 성장과 더불어 사회적 책임과 환경 문제 해결을 종합적이고 균형 있게 고려하며 기업의 지속 가능성을 추구하는 경영을 말합니다.

예를 들어 보다 환경에 피해가 적은 방식으로 제품을 만들고 판매하며, 이 과정에서 사회와 환경에 준 피해를 기업 스스로 책임지고 해결하는 방식을 말합니다. 나무를 원료로 하여 종이를 생산하거나, 가구를 만드는 기업에서 사용한 만큼 나무를 심거나 숲을 보호하는 활동에 적극적으로 참여하며, 사용한 제품의 재활용과 재사용을 위해 적극적으로 노력하는 것입니다.

지속 가능한 기업이 되기 위해서는 에너지를 효율적으로 관리하고 사용하며, 온실가스 감축 기술에 대해 투자할 필요가 있습니다. 기후변화협약이 강제력을 지니고 있지 않아 각 나라와 기업의 온실가스 감축 의무가 잘 지켜지지 않고 있습니다. 지구 온난화가 지속되고 있는 이상 온실가스 감축은 꼭 필요하며, 온실가스 감축 기술이 기업의 경쟁력을 결정하는 주요 요소가 될 것입니다. 기술은 단기간에 축적되는 것이 아니므로, 계획을 바탕으로 투자하고 장기간 노력해야 합니다.

〈시민〉

시민, 즉 국민은 국가를 구성하는 핵심 요소이자, 투표를 통해 정치인을 당선시키고 나라가 운영될 수 있도록 세금을 냅니다. 그래서 우리나라의 헌법 1조 2항에 '대한민국의 주권은 국민에게 있고, 모든 권력은 국민으로부터 나온다.'라고 명시되어 있습니다.

따라서 시민은 국가의 정책이 올바르게 잘 실현되고 있는지, 대통령, 국회의원, 장관 등의 정치인이 자신이 맡은 일을 투명하게 잘 수행하고 있는지 살펴야만 합니다. 요즘에는 많은 사람들이 국가는 대통령과 정치인들이 운영하는 것이고, 자신과는 상관없다고 생각하는 것 같습니다. 하지만 국가 정책에 직접적으로 영향을 받고 세금을 내는 것은 바로 우리 시민들입니다. 언제나 깨어 있는 마음과 눈으로 국가를 살피며, 자신의 의견이 정책에 반영될 수 있도록 노력해야 합니다.

또한 시민은 기업의 생산 활동과 이익 추구가 가능하도록 하는 소비자입니다. '손님이 왕'이라는 말을 들어 봤나요? 소비자로서 시민은 환경과 건강에 해로운 제품을 생산하거나 비윤리적인 기업의 제품을 사용하지 않거나 불매 운동을 벌여서 기업에 직접적인 영향을 미치는 매우 중요한 존재입니다.

우리는 기업이 환경과 사회에 책임 있는 지속 가능한 경영을 하고 환경에 피해가 없는 좋은 제품을 만들기를 바라고 있습니다. 이것이 실현될 수 있는 가장 간단하고 좋은 방법은 소비자로서 우리가 이러한 제품을 구입하면 됩니다. 이러한 소비자를 '녹색 소비자^{그린콘슈머}'라고 합니다. 지구 온난화를 막는 책임은 기업에게만 있는 것이 아닙니다. 어쩌면 기업의 생산 방식에 영향을 미치는 우리 소비자에게 더 큰 책임이 있는지도 모릅니다. 따라서 우리는 녹색 소비자로서, 환경을 고려한 제품^{예를 들면 친환경 마크가 있는 제품이나 건강}^{에 해로운 화학 물질을 사용하지 않은 제품. 이동거리가 짧은 지역에서 생산된 제품이나 먹거리 등이 있다.}과 서비스를 소비하고, 마땅히 이러한 제품과 서비스의 생산을 기업에게 요구해야 합니다.

마지막으로 자신의 생활 속에서 에너지 소비를 줄이고 친환경적인 삶을 실천하며 즐겁게 살아가는 것이 필요합니다. 자가용 대신 대중교통이나 자전거를 이용하고, 가까운 거리는 걸어 다닙니다. 대중교통이나 자전거가 어렵다면 카풀 또는 공유카를 이용하는 것도 하나의 방법입니다. 사용하지 않는 플러그의 콘센트를 빼고, 과도한 냉난방을 하지 않습니다. 수돗물을 절약하고 필요 없는 물건은 구입하지 않습니다. 앞에서 소개한 그린마일리지에 참여해 보거나^{만약 자신이 살고 있는 지역에 그린마일리지가 없다면 지역 자치 단체에 그린마일리지 제}^{도의 도입을 요구할 수 있다.} 일회용 비닐봉지 대신 장바구니를 이용합니다. 쓰레기가 많이 나오지 않도록 감축, 재사용, 재활용, 거절 등을 실천합니다.

이러한 노력은 약간 불편할 수 있지만 사회 전체적으로 에너지 소비와 온실가스 배출량을 감축하게 합니다. 그리고 이러한 시민은 기업과 국가의 경영 방향을 바꿀 수 있습니다. 지금의 지구 온난화에 대한 책임이 각 개인에게만 있는 것은 아니지만, 개인의 작은 노력이 세상을 바꿀 수 있습니다.

제 2 장

눈이 번쩍 뜨이는 에코 수업

Q 32 환경 실천을 즐겁게 하는 방법은?

> 이제까지 이야기한 것을 실생활에서 사용해 보려고 하니 솔직히 조금 어렵습니다. 일상생활에서 손쉽고 즐겁게 환경 활동을 할 수 있는 것들에는 무엇이 있을까요?

이론적인 이야기만 한 것 같네요. 하지만 이해해 주어서 대단히 기쁩니다. 어린이부터 어른까지 함께 생각하고 실천하는 것이 환경 문제를 해결하기 위한 포인트니까요. 어떤 활동이더라도 계속 실천해야만 성공할 수 있습니다. 여러분도 실생활에서 충분히 환경 보호를 할 수 있습니다.

◆ 카레 접시 세척 비법
텔레비전에서 물 오염 문제에 대한 특집 방송을 한 적이 있습니다. (당시) 7세였던 아들과 5세였던 딸과 함께 이 방송을 보고 있었습니다. '카레라이스의 세척법'이 인상에 남아 소개합니다.

① 남은 카레를 전화 카드로 긁어 낸다.
② 남은 밥풀을 물로 불리고, 분리된 밥을 떼어 낸다.
③ 스펀지에 세제를 조금 묻힌 후 접시를 씻는다.

아들과 딸이 이렇게 말하더군요.
"어째서 플라스틱 제품인 전화 카드를 쓰는 거야? 다른 걸로 하는 게 좋지 않아?", "접시를 핥아먹으면 되잖아.", "빵으로 접시를 닦아서, 그 빵을 먹으면 좋을 것 같아."

아이들이 기특하고 대견했습니다. 실제로 저는 카레를 먹은 후 빵으로 접시를 닦아 냅니다. 빵이 없을 경우에는 손가락으로 닦지요. 티슈나 행주를 사용하지 않습니다.

프로그램을 보고 있자니 '버린 음식=오염'이라고 표현하고 있어서, 조금 실망했습니다. 버린 음식물은 영양분이지 오염이 아닙니다. 만약 방송 내용이 맞다면 우리는 오염된 음식을 먹는 셈이지요.

버려진 음식물이 부패해야만 오염물이라는 말을 사용할 수 있습니다. 버려진 직후에는 고기는 고기, 케이크는 케이크, 마요네즈는 마요네즈, 카레는 카레입니다. 즉 맛있는 음식이고 영양분입니다.

영양분은 생명을 키우는 것입니다. 그 영양분을 버린 결과로 물이 오염되고 생명을 빼앗는 것이지요. 이 모순을 반드시 깨달아야만 합니다.

기쁘게도 프로그램에서는 '식후에 밥그릇에 차를 따른다. → 단무지로 씻어서 달라붙어 있는 밥이나 반찬을 닦는다. → 그 차를 버리지 않고 마신다.'는 옛 방법을 소개하였습니다. 영양분도 물도 함부로 버리지 않는다. 이것은 멋진 일이라고 생각합니다.

◆ 페트병 세정 비법

페트병을 분리수거할 때에는 물로 잘 씻으라는 행정 지도에 대해서 '귀찮다, 물이 아깝다, 물로 씻어서 오히려 오염 물질을 흘려 버린다.'라고 주장하는 사람들이 있습니다. 한편, '씻지 않으면 썩어서 악취를 풍긴다, 전염병의 원인이 된다.'라는 주장도 있지요.

여러분은 어떻게 생각하나요?

저는 페트병을 이렇게 세정합니다. 주스를 마신 후 페트병에 소량의 물을 넣어서 잘 흔든 다음 그 물(엷은 주스)을 마시는 것이지요(물론 우유팩도 마찬가지입니다). 주스를 남기지 않으면서, 영양분을 함부로 버리지 않고, 페트병을 세정할 수 있습니다.

◆ 보일러의 설정 온도는 처음이 중요

어느 겨울인가, 난방 온도를 관공서에서는 19℃로 설정하도록 하는 정부의 지침이 있었습니다. 그때 공무원들이 19℃는 추워서 괴로운 겨울이 될 것 같다는 이야기를 했다고 합니다. 그런데 정말 19℃가 추울까요?

추운 겨울에서 벗어나 초봄이 되어 온도가 15℃에 이르면 따스한 태양빛이 느껴집니다.

더운 여름 → 따뜻한 가을 → 아주 조금 추운 늦가을 → 따뜻한 초겨울.

이 흐름 때문에 추운 겨울을 맞이할 때, 더욱 춥게 느껴진다고 생각합니다.

여기에서 중요한 것은 늦가을을 보내는 방법입니다. 이때 너무 높은 온도로 난방을 해 버리면 겨울에 19℃가 되더라도 춥게 느껴집니다. 여름에 19℃는 너무 시원하지요. 체감 온도는 주위의 환경^{온도 습도 풍속} 등에 크게 영향을 받습니다. 물론 지역마다 다르겠지만, 초겨울 시기를 가능한 한 난방을 하지 않고 지내 보세요. 한겨울의 15℃가 대단히 따뜻하게 느껴질 테니까요.

물론 여름에도 마찬가지로 더워지기 시작할 무렵에 가능한 한 설정 온도를 올려 두고, 에어컨을 사용하지 않으면 나중에 에너지 절약으로 이어질 것입니다. 무엇이든 처음이 중요합니다.

◆ 스스로 정전과 단수하는 날을 정한다

하지와 동지에 '캔들 나이트'라는 캠페인이 행해지고 있습니다. 저녁에 두 시간 정도 인공 조명을 끈 후, 양초를 켜고 마음이 여유로워지는 시간을 보내

자, 라는 의미의 행사이지요.

조금 더 즐겁게 보내고 싶어서 다음과 같은 일을 하고 있습니다.

한 달에 한 번 정도나 계절마다 한 번씩 정기적으로, 오늘은 '정전의 날', '단수의 날', '가스가 나오지 않는 날'을 정합니다. 물론 여러 가지를 정해도 좋습니다. 정전의 날은 완전히 하루, 혹은 몇 시간 정도 전기를 전혀 사용하지 않고 생활해 보세요. 아직 아주 조금밖에 하고 있지 않지만, 앞으로 조금씩 기회를 늘려 가려고 합니다. 이런 날을 정하기 위해 서로 이야기를 나누며 가족과 즐거운 시간을 가질 수도 있습니다.

◆ '충분합니다'

이것은 친구가 생각해 낸 아이디어입니다.

우리 주변을 살펴보면 '충분한 물건이나 일'이 많습니다. 우리들은 사치에 사치를 거듭하고, 그것이 당연한 것처럼 여겨지는 시대를 살고 있습니다.

'충분함을 깨닫는 마음' 그것이야말로 '충분합니다'의 진수입니다.

자가용 어떠신가요? =〉 자전거로 충분합니다.

에어컨 켜 드릴까요? =〉 부채로 충분합니다.

비닐봉지 드릴까요? =〉 장바구니로 충분합니다.

소비하는 행동을 권유받을 때, "충분합니다."라고 중얼거리면 효과가 있습니다. 도전해 보세요!

◆ 가시가 있는 식물을 발 대신에

평소에 알고 지내던 분이 실천하고 있는 일입니다. 태양이 비치는 쪽 창문과

베란다에 가시가 있는 식물을 키우면 해가리개가 됩니다. 게다가 식물의 증산 작용_{식물체 안의 수분이 수증기가 되어 공기 중으로 나옴}이 기화열을 빼앗아, 시원해지기도 하지요. 정말 대단한 효과입니다.

'환경을 위해 힘쓰자!'라며 너무 무리하게 노력하다가 중간에 좌절이나 포기를 하기 보다는 즐겁게 오랫동안 할 수 있는 환경 실천을 찾아보세요. 환경 보호는 물론이고 경제에도 도움이 된답니다.

한국에서는

우리는 전기밥솥을 이용하여 밥을 짓습니다. 전기밥솥은 쌀과 물의 양을 맞추어 넣은 후 버튼만 누르면, 밥이 다 되었다고 알림이 울리기 전까지 밥 짓는 데 전혀 신경을 쓰지 않아도 됩니다. 또한 밥 짓기가 끝난 후에는 저절로 보온 상태가 되어 밥을 따뜻하게 유지해 주기 때문에, 밥솥에 밥이 남아도 신경 쓸 필요가 없습니다.

이러한 편리함 때문에 많은 사람이 전기밥솥을 사용합니다. 우리가 전기밥솥의 자동 시스템을 활용하여 밥을 짓는 동안 전기밥솥을 굳이 신경 쓰지 않아도 되지만, 전기밥솥이 사용하는 전기에너지에는 관심을 가질 필요가 있습니다. 사실 전기밥솥은 전력 소비가 높은 제품으로 전기 에너지를 아주 많이 사용하고 있습니다. 특히 우리가 관심을 더 기울이지 않는 보온 상태에서도 전기 에너지가 많이 사용되지요. 밥을 7시간 이상 보온 상태로 두면 새로 밥을 짓는 것만큼의 전기 에너지가 사용됩니다. 또 오래 보온하게 되면 밥 색깔이 누렇게 변하고 이상한 냄새가 나며 맛이 없어집니다.

그럼 어떻게 하면 될까요? 우선 먹을 만큼만 밥을 짓는 방법이 있습니다. 하지만 전기밥솥으로 밥을 지을 때 전기에너지가 많이 사용되기도 하고 또 귀찮다는 단점이 있습니다.

넉넉하게 밥을 짓고 다 먹지 않은 밥을 굳이 보온 상태로 보관하기보다는 콘센트를 빼 놓으면 어떨까요? 물론 밥이 식게 되겠지요. 밥이 식으면 식은 밥을 먹으면 됩니다. 아침에 한 밥을 점심이나 저녁에 먹는 정도로 식은 밥은 밥알이 굳지도 않고 맛도 괜찮습니다. 따뜻한 국이나 반찬과 함께 먹으면 좋습니다.

식은 밥이 싫을 경우에는 전기밥솥의 '재가열' 버튼을 누르면 10~15분 사이에 밥이 새로 한 밥과 같이 따뜻해집니다. 밥솥의 전기콘센트를 뽑으면 밥이 쉽게 상하지 않을까 걱정하는 사람도 있습니다. 하지만 전기밥솥의 압력 패킹 때문에 뚜껑을 닫아 두면 여름에도 밥이 쉽게 상하지 않습니다.

만약 전기밥솥의 밥 짓는 에너지를 절약해야겠다고 생각한다면 압력밥솥으로 밥을 지으면 됩니다. 실험 결과, 전기밥솥은 압력밥솥보다 약 7배의 에너지를 사용하는 것으로 나타났습니다. 압력밥솥과 전기밥솥을 적절히 사용하면서 자신에게 알맞는 에너지 절약 방법을 찾아 실천합시다.

Q 33 어떻게 전달하면 좋을까요?

처음에는 위기감 때문에 무서웠는데 점점 안심이 되네요. 지금은 많은 사람에게 전해 주고 싶어서 마음이 두근거립니다. 그런데 제가 이해한 것을 어떻게 다른 사람에게 알려줄 수 있을지 모르겠네요. 어떻게 하면 좋을까요?

어떤 것을 설명할 때 예를 자주 사용합니다. 특히 환경 문제에서는 상상하기 어려운 사항을 상상하기 쉽게 하기 위해 예를 드는 것이 대단히 효과적입니다.

◆ 지구의 유한성과 모래시계

지구의 유한성을 실감하게 하는 데에는 '모래시계의 예'가 제격입니다.

지금 모래시계를 뒤집었다고 합시다. 모래가 아래로 떨어지고 있습니다. 재어 보면 1초 사이에 5g(5㎖라고 생각해 주세요)씩 나오고 있습니다.

자, 이 속도로 모래가 계속 나오면, 이 방이 모래로 가득 차게 되는 것은 며칠 뒤가 될까요?

이제 방의 부피를 구해 볼까요? 방의 가로, 세로, 높이를 재서 곱한 후 5㎖로 나눈다. 수학 문제라면 이것이 정답이겠지요. 하지만 환경 문제에서는 아닙니다. 정답은 '모래시계 안에 들어 있는 모래가 없어지면 그대로 끝난다.'입니다. 어이없다는 소리가 들려오는 것 같네요. 현실을 봅시다. 석유, 담수, 광물 자원, 산림 자원……. 이대로 계속 존재하는 것은 없다고 알고 있으면서도, 영원히 존재하는 것처럼 계속 소비를 하고 있지는 않은가요?

'지금 상태가 계속된다면……'이라는 가정을 태연하게 잘 하는 경제학자도,

'경제 성장을 영원히 계속하지 않으면 안 된다.'라고 착각하고 있는 정치가나 경영자도 모래시계의 예를 웃어넘길 수 있을까요?

모래시계에 '용기 안의 모래의 양'이라는 제약 조건이 있듯이, 우리 지구에도 자원량, 폐기 장소, 자정 능력'의 유한성이라는 제약 조건이 있습니다.

◆ 음식물 쓰레기는 어떻게?

자주 "음식 쓰레기가 아름답다고 생각하는 분이 계신가요?"라는 질문을 합니다. 손을 드는 사람은 지금까지 단 1명도 없었습니다. 반대로 "음식 쓰레기가 더럽다고 생각하는 분은?"이라고 물으면 사람들 대부분은 뭔가 숨겨진 것이 있지 않을까라고 의심하면서도 손을 듭니다.

지금부터 상상해 봅시다.

파티에서 눈앞에 맛있는 음식이 있고, 모두 "맛있다, 맛있다!"라고 말하며 먹고 있습니다. 파티가 끝날 시간이 다가옵니다. '맛있는 음식'은 다 먹지 못하고 남아 있지요. 집으로 향하는 사람들이 "잘 먹었습니다."라고 말하는 순간에 맛있는 음식이 '음식물 쓰레기'라는 이름으로 바뀝니다.

맛있는 음식이 왜 음식물 쓰레기라는 이름으로 바뀌는 것일까요?

음식 쓰레기라는 이름을 쓰는 시점에 '더럽다'는 이미지가 떠올라, 음식을 버릴 수 있게 되기 때문일까요? 많은 사람이 음식 쓰레기라는 말을 들으면, 조건반사처럼 파리가 꼬이고, 악취가 나고 있는 음식의 마지막 상태만을 떠올립니다. 하지만 음식이 처음부터 쓰레기는 아니었습니다. 만약 쓰레기였다면 우리는 더러운 것을 먹은 것입니다. 실제로 맛있는 음식이 음식 쓰레기라는 이름으로 바뀌는 순간에도 맛있는 음식(스테이크는 스테이크, 케이크는 케이크) 그대로입니다. '버릴 수 있다.'는 행위를 정당화하기 위해 음식 쓰레기라는 이름을 붙이는 것뿐이지요. 버리고 있는 것은 영양, 맛있는 음식입니다. 영양분이므로 퇴비로 만들 수도 있습니다.

제 3 장

무엇을 하면 좋을지,
누구나 알고 있다!

Q 34 우리가 지구를 구해요

환경 문제는 어렵다면서 처음부터 포기하는 사람이 있습니다. 사람들은 일반적으로 환경에 관한 심각한 뉴스를 듣거나, 환경 문제에 관해 이야기하려고 하면 어렵다고 회피해 버리기 일쑤입니다.
선생님은 환경 문제가 어렵다고 생각하시나요?

환경 문제가 어렵다고 생각하고 있는 사람이 많은 듯합니다.

그러나 스스로 체감을 해 본 후 그렇게 느끼는 것인지 아닌지는 잘 모르겠습니다. 그중에는 분명 누군가가 그렇게 말했으니까 그렇게 생각하는 사람도 있을 테니까요.

저는 어렵다고 생각하면 어려워지고, 간단하다고 생각하면 간단해진다고 믿습니다. 또한 '환경 문제를 해결하는 법을 사실은 누구나 알고 있고, 무엇을 하면 좋을지도 알고 있다'고 생각합니다.

◆ 인간의 활동이 원인이라면, 인간이 해결할 수 있다!

IPCC는 「제4차 평가 보고서」에서 '20세기 중반 이후에 관측한 세계 평균 기온의 상승 원인은, 인간 활동에 의한 것이 90%를 넘는다.'라면서 인간의 활동이 기온 상승의 주원인이라고 결론을 내렸습니다.

여기에서 부정적으로 생각하는 사람은 '인간의 활동이 원인=인간이 나쁘다.'라고 해석하겠지요. '인간이 없어지면 모두 좋아진다.'고 생각하는 사람도 있을 것입니다. 그러나 '인간의 활동이 원인'이라는 이야기를 들으면 희망의 빛이 보입니다. 자연 현상이 원인이라면 인간은 아무것도 하지 못하고, 상황이 진행되는 것만 팔짱을 끼고 바라볼 수 밖에 없습니다. 하지만, '인간이 원인'이라면 인간이 해결할 수 있습니다. 지금 우리에게 필요한 것은 지구 온난화環境 문제의 책임을 겸허하게 받아들이는 용기와, 해결을 위한 지혜를 세우고, 행동하는 실천력입니다.

◆ 가지고 논 장난감은 스스로 치운다

어른들은 "가지고 논 장난감은 스스로 치워라!"라고 아이들에게 설교합니다. 하지만 정작 어른들에게 "자기가 만든 쓰레기는 스스로 정리하세요."라고 말하면 돈이 들어 안 된다거나 귀찮다고 합니다. "자기가 내뱉은 이산화탄소는 스스로 처리하세요."라고 말하면 과학적 근거가 불명확하다고만 합니다. 만약 아이가 "장난감을 정리 안 하면 문제가 생긴다는 과학적 근거를 보여 주세요."라고 말하면 말도 안 되는 억지를 부린다고 화를 내겠지요.

지구 온난화가 인위적이든 아니든 '자기가 만든 쓰레기나 이산화탄소는 스스로 처리해야 한다.', '정리하는 것이 쉬워지도록, 처음부터 쓰레기나 이산화탄소를 가능한한 많이 내놓지 않도록 해야 한다.'라고 생각합니다.

"자기가 가져온 장난감은 (책임을 지고) 스스로 치우자!"

이것이 환경 문제를 해결하기 위한 첫걸음이라고 생각합니다.

에필로그

　과학 기술의 발달로 인해 많은 온실 가스가 발생했으며, 이 온실 가스가 지구의 대기와 바다의 온도를 점점 높여서 이상 기후 현상이 일어나고 있다고 합니다. 이러한 현상의 증거들은 지구 곳곳에서 발견할 수 있습니다. 거의 모든 산에 있는 빙하가 녹아내리고, 수많은 도시들이 불볕더위를 겪고 있으며, 더 많은 산불과 더 많은 태풍이 발생하고, 한쪽에서는 지나치게 가물고 다른 한쪽에서는 홍수가 일어나고, 북극과 남극의 만년설이 녹고 이로 인해 저지대 나라들은 물에 잠기고 있습니다. 이러한 문제들이 우리의 삶에 미치는 영향이 매우 심각하며, 문제 해결을 위해 당장 행동에 나서지 않는다면 인류에 재앙이 닥

칠 것이라고 경고합니다. 자연은 한 번 파괴되면 되살리기가 너무 어렵습니다. 돈이 많이 들고 시간도 오래 걸립니다. 하지만 아직 희망은 있습니다. 왜냐하면 인간이 원인이라면 인간이 해결할 수 있기 때문입니다.

초록 지구를 만드는 일, 누구나 할 수 있는 일입니다.
그리고 우리가 꼭 해야 할 일입니다!

프롤로그에도 썼지만,

저는 환경 문제의 전문가는 아닙니다.

단지 지금까지 한 경험으로 전문가와 세상과의 다리 역할, 중재자 역할을 할 뿐입니다. 그러기 위해 판단 기준이 될 만한 나의 자세와 각오를 확립해 둘 필요가 있다고 생각하고 있습니다.

그런 까닭에 이 책을 마무리하며 '환경 문제에 대한 나의 자세'를 소개하려고 합니다.

1. 목적과 수단을 혼동하지 않는다

환경 문제 해결은 '살아 있는 모든 것이 행복할 수 있는 지구'를 만들기 위한 수단이라고 생각합니다.

환경 문제 해결 자체가 목적이 되어 버리면, 환경 테러와 타인의 피해를 생각하지 않는 행동이 정당화되어 버립니다.

환경 문제를 해결하기 위한 방법으로 무엇이든 가능하다면, '쓰레기를 계속 버리면 극형에 처한다.', '고발하는 사람에게는 현상금을 준다.'라는 식의 법률을 만들면 됩니다.

확실히 환경은 좋아지겠지요. 그러나 이것이 행복을 실감할 수 있는 사회로 연결되지는 않습니다.

저는 우선 내가 행복을 실감하는 일에서 시작해서 그 범위를 넓혀 가고 싶습니다.

2. 어떤 현상에 가능한한 이름을 붙이지 않는다

간단히 말하면 '전문 용어라는 이름정의에 묶이지 않는다.'라는 것입니다.

단어와 용어를 정의하는 순간에, 그 정의에 한정되어 버립니다. 그러면 목표가 될 수 없는 관념과 현상이 정의에 맞지 않기 때문에 제외해 버리는 우를 범하게 됩니다.

예를 들면 미국 영화 '투모로우'의 모델이 된 '유럽 한랭화설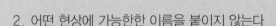유럽 주변에 대량의 열을 움직이는 해수가 순환하여, 영국 등은 빙하기와 같이 한랭화될 가능성이 있다는 설'은 '신빙하기 도래설'이라고도 불리고 있습니다.

그러나 그와 같은 이름을 붙여 버리면, '태평양의 수온을 내리는 작용이 없어지므로, 해수 온도가 높아져서 대기의 대순환에 큰 변동을 미치고, 경우에 따라서는 열 폭주를 일으키는 현상' 등에 대해서 무시해 버릴 염려가 있습니다.

물론 '신빙하기 도래설'이란 이름 붙이기정의 내리기가 절대로 안 된다고 말하는 것은 아닙니다. 다만 최근 정의가 보이지 않으면 움직이려고도 하지 않는 사람이 늘어나고 있는 것이 마음에 걸립니다.

그 점에서 전문가가 아닌 저는 정의에 묶이지 않고 발상할 수 있다 라는 장점이 있습니다. 그것을 살려서 세상에서 역할을 하는 지혜를 만들어 내려고 합니다.

3. 수치도 중요하지만 감수성은 더 중요

환경 문제를 말하는데 수치데이터는 반드시 필요합니다.

다만 '수치로 나타난 것밖에 믿지 않는다.'는 '수치로 나타낸 것밖에 이해할 수 없다' 혹은 '변화를 깨닫는 감수성이 없다.'와 같은 말입니다.

눈앞에 보이는 새까맣게 오염되어 있는 하천을 두고, "BOD의 수치를 측정해 보지 않으면 오염되었는지 아닌지 모릅니다."라고 태평하게 이야기하는 사람을 보고 놀랐던 적이 있습니다. 또한 유통기한이 조금 지나면 문제없이 먹을 수 있는 식품인지도 살펴보지 않고, 버리는 사람이 많은 것도 놀랄만 하지요.

저는 환경 문제뿐 아니라 모든 사회 문제를 해결하기 위해서는 감수성을 키워야 한다고 생각합니다.

지구를 배려하는 사람은 지구의 미묘한 변화를 느낄 수 있는 사람입니다. 이런 사람이 늘어나면 '지구를 배려하는 사회'로 연결될 것입니다.

4. 나의 행동규범

제 행동 규범은 '자기가 가지고 논 장난감은 스스로 치운다.' 입니다.

환경 문제에 적용시켜 보면 기후 변화가 일어난다고 하면, 기후 변화가 인위적인 것이든 아니든 석유가 무진장 있든 없든, 스스로 사용한 것은 스스로 치우는 것이 인간으로서의 책임이고 예의라고 생각합니다.

스스로 사용한 물건이란 말할 것도 없이 폐기물과 이산화탄소이겠지요.

학문적으로 환경 문제의 가설을 검증하는 것도 중요하겠지만 '자기가 만들어 낸 것은 스스로 치우세요.'라고 가르치는 일이 우리에게 훨씬 더 필요하다고 생각합니다.

이것이 자기뿐 아니라, 주위까지도 아름답게 만들 수 있는 방법이 아닐까요.

마지막으로 질문 4개를 던지며 책을 마무리 하고자 합니다.

'지구 환경을 지켜야만 하기 때문에 쓰레기를 버리면 안 되는 것일까요?'

'지구 온난화를 막기 위해이것만을 위해, 이산화탄소를 줄여야 하는 것일까요?'

'만약 지구 온난화의 원인이 태양 활동이라면, 자유롭게 에너지를 써도 상관없는 것일까요?'

'자기가 가져온 것, 어지럽혔던 것을 정리하는 것은 당연한 것이 아닐까요?'

교실밖\ **펄떡이는**
환경 이야기

초판 5쇄 펴낸 날 | 2021년 7월 30일
글쓴이 | 타테야마 유지, 오창길, 권혜선
옮긴이 | 이정아

펴낸이 | 이영남
펴낸곳 | 생각하는 책상
등록 | 2013년 5월 16일(제2013-000150호)
주소 | 서울시 마포구 월드컵북로402 KGIT빌딩 925D호
전화 | 02-338-4935(편집), 070-4253-4935(영업)
팩스 | 02-3153-1300
메일 | thinkingdesk@naver.com
편집 | 정내현

디자인 | 디.마인

ⓒ 타테야마 유지, 오창길, 권혜선

ISBN 978-89-97943-36-4
    978-89-97943-37-1 (세트)

※ 이 책에 쓴 사진은 해당 사진을 보유하고 있는 단체와 저작권자의 허락을 받아 게재한 것입니다.
※ 저작권자를 찾지 못하여 게재 허락을 받지 못한 사진은 저작권자를 확인하는 대로 게재 허락을 받고
  통상 기준에 따라 사용료를 지불하겠습니다.

※ 이 도서의 국립중앙도서관 출판예정도서목록(CIP)은 서지정보유통지원시스템 홈페이지
  (http://seoji.nl.go.kr)와 국가자료공동목록시스템(http://www.nl.go.kr/kolisnet)에서
  이용하실 수 있습니다.(CIP제어번호: CIP2016009204)

참고 자료 출처

1. 한국원자력산업회의
2. 기후변화행동연구소
3. 국내 온실가스 배출 현황(통계청), 2030년 우리나라 온실가스 감축 목표 배출 전망치
   대비 37%로 확정(2015.06.30. 관계 부처 합동 정보 보도자료), 기후 변화 대응 행동
4. 통계청
5. 기후변화행동연구소
6. 이코노미스트 인텔리전스 유닛
7. 농림축산식품부

ECO NOTE

ECO NOTE

ECO NOTE